PRÉDIRE N'EST PAS EXPLIQUER

Du même auteur

Stabilité structurelle et Morphogénèse. Essai d'une théorie générale des modèles, InterÉditions, 1977

Modèles mathématiques de la morphogenèse, Christian Bourgois, 1981

Paraboles et Catastrophes. Entretiens sur les mathématiques, la science et la philosophie, Flammarion, 1983 ; rééd. coll. « Champs », 1989

Esquisse d'une sémiophysique, InterÉditions, 1988

Apologie du logos, Hachette Littératures, 1990

René Thom

PRÉDIRE N'EST PAS EXPLIQUER

Entretiens avec Emile Noël

Champs sciences

Rédaction des entretiens : Yves Bonin.
Lexique, texte et dessins : Alain Chenciner.
Conception graphique : Jacek Prybyszewski.

ISBN : 978-2-0812-2498-8

1
COMMENT DEVIENT-ON MATHEMATICIEN ?

Vous avez commencé par les mathématiques...

Oui, cela s'est fait presque automatiquement. Après avoir passé la première partie du baccalauréat, il fallait choisir entre la classe de philosophie et celle de mathématiques élémentaires. Cette dernière, nous le savions, offrait beaucoup plus de débouchés que la première ; c'était peut-être d'ailleurs une illusion, mais nous en étions convaincus. Surtout, nous étions en 1939, au début de la guerre. Et nos parents, qui avaient fait la Première Guerre nous disaient : tâche d'être artilleur : on y est moins exposé que dans l'infanterie ! Pour être artilleur, il fallait avoir fait des mathématiques. Cet élément a probablement pesé lourd dans la naissance de ma vocation mathématique.

PREDIRE N'EST PAS EXPLIQUER

On peut faire Math élém et ne pas devenir mathématicien...

Certes ! Alors, c'est que j'avais un certain goût pour les mathématiques, surtout pour la géométrie euclidienne qui m'a tout de suite beaucoup intéressé, mais pas pour l'algèbre : elle ne m'a jamais excité !

Parce que l'on voit, que l'on peut dessiner ?

Certainement, mais également parce que c'est aussi excitant pour l'esprit qu'une devinette. Tandis que, en algèbre, il me semble que tout problème y est soit trivial, soit indécidable pratiquement. La part d'excitation de l'esprit y est donc bien moindre...

N'y trouve-t-on pas quelques satisfactions ?

Il s'agit de vérifier que l'on a acquis certains automatismes, que l'on sait calculer, en somme... C'est ce que nous appelions le « taupinage » : il s'agissait de doter les élèves d'un certain nombre de formules, de méthodes de calcul, qui leur permettaient de résoudre les problèmes, et particulièrement ceux des grands concours. Cela ne me semble pas extrêmement formateur, bien que cela ne soit en rien négligeable comme discipline de base.

Il existe une procédure complexe ; mais lorsque je la maîtrise, si je l'applique correctement, les problèmes sont résolus quasi automatiquement ?

En quelque sorte. Les problèmes de concours sont cependant un peu plus compliqués que cela : on attend du candidat qu'il prenne des initiatives, mais il est vrai qu'existe un petit nombre de positions clés où il s'agit, pour réussir, de ne pas se tromper.

La géométrie, donc, est plus créative ?

Certainement. C'est un domaine infiniment plus formateur que celui de l'algèbre. Les problèmes y sont gradués, ce qui n'existe pratiquement pas en algèbre, où l'on passe, presque sans transition, de l'application somme toute stupide d'un formalisme appris à des problèmes effectifs d'algèbre, comme la résolution de l'équation du cinquième degré, dont on sait d'ailleurs que le problème ne peut être résolu ! Et encore faut-il, pour en arriver à cette conclusion, produire une théorie énorme, celle de Galois. C'est donc extrêmement complexe.

Algèbre et géométrie ne sont pas les seuls domaines des mathématiques...

Ce sont ceux qui descendent jusque dans l'enseignement secondaire. L'arithmétique, elle, ne va jamais très loin. Mais elle donne naissance à des problèmes d'une difficulté extrême, comme ceux de la théorie des nombres. Certains problèmes très simples attendent ainsi encore leur solution ! Mais je ne m'y suis jamais beaucoup intéressé. Je les sentais peut-être trop difficiles. Je ne me sens aucune sensibilité dans ce domaine.

Vous êtes ainsi parti de la géométrie...

Oui, essentiellement. J'ai donc choisi Math élém. J'étais un élève très doué, et pas seulement en mathématiques, mais dans la plupart des disciplines, y compris littéraires. J'ai pu entrer, sur la recommandation d'un professeur de lettres d'ailleurs, au lycée Saint-Louis, un grand lycée parisien. Nous étions alors sous l'occupation allemande en cette fin d'année 1940. J'y ai fait l'Hypotaupe, puis Taupe. Je suis entré à l'Ecole normale supérieure en 1943.

A l'époque, comme beaucoup de jeunes, je m'intéressais aux aspects fondationnels des mathématiques, à la logique, à la théorie des ensembles. J'étais en quelque sorte moderniste avant la lettre... Nos maîtres étaient presque tous en contact avec le groupe Bourbaki, qui préconisait justement les concepts et les méthodes modernes.

L'histoire de ce mouvement moderniste, dont l'influence a été réelle plusieurs années plus tard, serait d'un réel intérêt pour une sociologie des sciences. Ce serait un beau sujet d'étude : la motivation, le développement, et, finalement, cette situation quelque peu ambiguë d'aujourd'hui.

Quelle est aujourd'hui votre position à ce sujet ?

Je me suis beaucoup exprimé comme un antimoderniste, en grande partie parce que les modernistes ont commis des excès. Lorsqu'ils ont voulu, avec l'appui du gouvernement, transformer l'enseignement des mathématiques dans le premier degré, des instituts pédagogiques ont été créés dans toutes les universités, les fameux Instituts de recherche sur l'enseignement des mathématiques (IREM). Ils ont entrepris un prosélytisme dans les milieux d'instituteurs. On a pu voir de vieux maîtres chenus, qui enseignaient le calcul élémentaire avec des bûchettes, contraints de venir se recycler. On leur a dit : Messieurs, ce que vous faites est ridicule ; vous ne connaissez rien à la théorie des ensembles, et on ne peut faire d'arithmétique sans la comprendre. Et ces vieux maîtres ont été contraints de venir s'asseoir sur les bancs de l'école pour écouter de jeunes prétentieux leur expliquer qu'ils n'avaient rien compris aux nombres !

L'introduction, avec beaucoup de précautions et de prudence, de ce genre d'approche dans la formation des jeunes ne vous semble-t-elle pas utile ?

Elle est certainement utile, mais à partir de quinze ou seize ans. Avant cet âge, l'utilisation des concepts d'algèbre pure, comme la commutativité, l'associativité, la théorie des ensembles au sens strict, c'est-à-dire celle des puissances, ne me paraît pas utile. Le reste, on peut continuer de l'apprendre empiriquement, comme nous le faisions autrefois. Lorsque j'étais moi-même à l'école primaire, nous apprenions les tables d'addition et celles de multiplication. C'était une bonne chose ! Je suis convaincu qu'en autorisant l'usage de la calculette dès l'âge de six ou sept ans, on aboutit à une connaissance moins intime du nombre que celle à laquelle nous accédions grâce à la pratique du calcul mental. Nous avons, en quelque sorte, sorti la calculette de nos têtes.

Pourquoi et comment êtes-vous devenu chercheur ?

Là encore, cela s'est fait automatiquement. Une fois entré à l'Ecole normale, j'ai été capable de résoudre à peu près tous les problèmes ; j'ai pu discuter avec nos maîtres, et ils m'ont fait confiance. Lorsque mon maître, Henri Cartan, m'a procuré un poste au CNRS, il a dit : cet étudiant semble avoir de solides qualités d'intuition et on peut lui faire confiance. Je n'ai pourtant justifié cette confiance qu'assez tard, puisque je n'ai présenté ma thèse que six ans plus tard. Ce n'est ni particulièrement brillant, ni très fulgurant ! Certains tempéraments sont des sortes de miracles mathématiques. En Taupe, par exemple, certains de mes condisciples savaient résoudre tous les problèmes très rapidement. Je n'ai jamais été capable de tels miracles. Mais le fond de ma nature est peut-être davantage philosophique que mathématique...

Précisément, comment cela s'est-il manifesté à cette époque ?

J'avais justement un penchant pour la philosophie. Je m'en suis ouvert au sous-directeur scientifique, Georges Bruhat, qui nous dirigeait alors. Lorsque je lui ai dit que je m'intéressais à la philosophie des mathématiques, dans la direction de Cavaillès et de Lautman, il a levé les bras au ciel en s'écriant : « Surtout, passez-moi rapidement votre agrégation ! » C'était un sage conseil.

Il considérait cet intérêt comme antagoniste à votre travail de mathématicien ?

Il avait sans doute cette conception selon laquelle celui qui s'intéresse à la philosophie des sciences cherche en réalité à cacher ses faiblesses techniques. C'était probablement une réaction de défense de professeur. Si l'on est réellement mathématicien dans l'âme, on ne se préoccupe pas tellement de philosophie ; et si cela se produit, c'est une sorte de déraillement... Il me vient à l'esprit ce qui est arrivé à mon collègue Alexandre Grothendieck : c'était, je crois, un mathématicien dans l'âme. Et puis, dans les années soixante-dix (était-ce les séquelles de 1968 ?), il s'est converti au naturalisme, aux problèmes écologiques. Il a alors plus ou moins rejeté ce qui l'avait d'abord passionné.

Mais que cherche-t-on en devenant mathématicien ? Qu'est-ce qui le pousse à cet investissement de soi-même ?

C'est bien d'un investissement qu'il s'agit, et plutôt dur, lourd, contraignant. Lorsque l'on s'intéresse à un problème, on sombre dans un état d'aliénation très pénible pour l'entourage. On ne peut plus penser à quoi que ce soit d'autre. Mais c'est en quelque sorte automatique : on ne peut y échapper. Et puis, lorsque l'on entre au CNRS, on se sent en somme obligé de produire quelque chose ! Au départ, on n'attend pas de nous que nous fassions une découverte sensationnelle : on travaille sur des questions un peu techniques... Les choses ne se sont pas passées pour moi de cette façon : mon premier travail publié a été une découverte assez spectaculaire !

Premiers travaux

Quelle a été cette découverte ?

Il est difficile d'en parler autrement qu'en termes techniques. Pour résumer, il s'agissait de comprendre ce que l'on appelle la théorie de Morse en termes de décomposition d'une variété en cellules, au lieu d'en faire une théorie homologique, comme l'avait fait son auteur. C'était le retour, à partir d'une situation formalisée, avec un algorithme algébrique, vers une situation géométrique qui l'avait en quelque sorte engendrée. Car c'est la géométrie qui engendre l'algèbre, contrairement à ce que l'on pense communément.

Pourquoi ne peut-on en parler autrement qu'en termes techniques ? Qu'est-ce qui vous anime lorsque vous travaillez sur un problème de ce type ?

On peut essayer de le faire. L'idée de base est relativement simple et puissante. C'est cette théorie de Morse : il s'agit de transformer l'intuition géométrique globale en une construction. Un espace est donné, globalement, par une intuition topologique. Mais pour quelqu'un qui n'a pas cette intuition globale, c'est sans effet ! Il s'agit donc de trouver un procédé qui lui permette tout de même de reconstruire cet espace. L'idée était donc de découper l'espace. La technique de la théorie de Morse, c'est celle qui consiste, lorsque l'on a une saucisse, à la découper en rondelles. Si vous connaissez l'ensemble des rondelles et la manière de les ordonner les unes sur les autres dans l'ordre où elles ont été coupées, vous serez capable de la reconstituer. C'est l'idée de base.

On ne s'intéresse pas, dans ce cas, à la métrique, à la taille des tranches ; on s'intéresse à leur structure topologique. Quels sont les points de coupure ? Comment le type topologique de la coupure change-t-il ? Si l'on parvient à caractériser ces types topologiques, on donne une classification. En les spécifiant, on peut alors reconstruire la forme globale de l'espace. En soi, l'idée est naturelle : c'est une sorte de puzzle ; l'espace peut se construire comme un puzzle. Mais là, il est le plus simple possible, car toutes les pièces sont ordonnées et il reste à les emboîter, à les plaquer les unes sur les autres selon le schéma donné par la théorie.

C'est donc un travail d'analyse : on découpe en petits morceaux, que l'on numérote...

C'est la vieille formule de Descartes : il s'agit de tout réduire à des situations assez simples pour qu'elles puissent être décrites. Cela revient donc à reconstruire le complexe à partir du simple. C'est ce que l'on fait aujourd'hui en informatique où l'on décompose une surface en pixels. Toute forme devient un bloc de pixels. C'est d'ailleurs beaucoup plus barbare que la théorie de Morse qui, elle, est davantage conceptuelle et, finalement, beaucoup plus simple !

On s'attaque donc à un espace en trois dimensions.

Pas nécessairement : la théorie de Morse peut être faite en toute dimension. Le modernisme en mathématiques a d'ailleurs, entre autres choses, instauré l'usage de faire les choses en une dimension quelconque, et pas seulement en dimension 1, 2 ou 3 comme on le faisait autrefois.

Cette notion de dimension, au-delà des trois qui nous sont familières, est difficile à appréhender. La dimension 4 est-elle la même pour tout le monde ?

Pour les mathématiciens, il n'y a aucune ambiguïté sur la notion de dimension. D'ailleurs, la manière dont on maîtrise l'intuition dans des espaces à 4, 5, 6 ou à *n* dimensions répond toujours à la même technique. On ne voit jamais que dans un espace à deux ou trois dimensions, pas davantage. Mais on sait que l'on peut sectionner l'espace de grande dimension en espaces de dimension plus petite ; certains paramètres peuvent alors être manipulés. On en arrive en quelque sorte à balayer l'espace de grande dimension avec ces espaces plus petits. On peut alors étudier ce qui se passe dans ces espaces de petite dimension, 2 ou 3.

Mais comment se les représenter ?

Un certain nombre de concepts permettent de regrouper les choses. Celui d'espace fibré (qui date d'il y a une cinquantaine d'années maintenant) en fait partie : on peut imaginer une structure fibrée ; on sait ce qui se passe dans chacune des fibres, et l'on peut imaginer ce qui se passe dans l'espace complet. C'est en manipulant ce type d'objets que l'on arrive à se forger une sorte d'intuition de l'espace à *n* dimensions. Si l'on imagine des spaghettis dans une boîte, mais que l'on suppose que chacun d'eux a une épaisseur qui en fait de simples lignes, on peut alors mettre une infinité de spaghettis dans une boîte cylindrique. C'est une structure fibrée.

La boîte est de dimension 3. Les spaghettis, qui n'ont pas d'épaisseur, sont donc des lignes, en dimension 1. La base de la fibre est un disque de dimension 2. Dimension de longueur + dimension du disque = dimension de l'espace total. On peut jouer là-dessus pour se forger une intuition de l'espace. Ce n'est jamais que 1 + 2 = 3... Mais on peut aussi faire 7 − 4 = 3, et c'est alors nettement plus difficile. Faites cet exercice d'intuition : commencez par vous imaginer une sphère à trois dimensions. Pour cela vous devez imaginer l'espace à trois dimensions usuelles, mais il faut concevoir que lorsque l'on suit un rayon lumineux dans une direction, à l'infini, on trouve le même point lumineux dans la direction opposée.

On identifie alors tous les couples de points obtenus de cette manière. Et on les identifie tous en un seul point, que l'on appelle le point à l'infini. L'espace $\mathbb{R}^3$ se ferme alors par un point à l'infini : cela devient la sphère S^3, la sphère à trois dimensions. C'est le bord de la boule à quatre dimensions. Il est déjà plus difficile de la voir...

Quelle est la quatrième dimension de cette boule ?

Il est assez facile de s'imaginer ce qu'est un produit d'espaces. A moins que, comme M. Changeux, on ne dise qu'il ne s'agit que d'un construit mental, qui n'a aucune réalité dans le monde extérieur !

Essayons. J'ai ici un carnet, et là une boîte. Si je prends un point situé sur la face de mon carnet et un autre situé sur l'une des surfaces de cette boîte, je peux considérer ce couple de points comme un point dans un espace qui est le produit des deux espaces. Ce point appartiendra à un espace à quatre dimensions.

Un espace dans lequel ces deux points séparés deviennent un seul et même point ?

Exactement. Un couple de points pris dans les deux plans définit un point dans l'espace à quatre dimensions. Cela exige naturellement un effort intellectuel. Les mathématiciens topologues sont ainsi amenés à faire de la pensée prélogique, mais si possible de manière très contrôlée, de la pensée prélogique logiquement appliquée, en somme !

Produire... La théorie des catastrophes : genèse

Vous ne m'avez pas encore parlé de votre « motivation » : comment parvient-on à cette concentration, à cet investissement de son temps dans les mathématiques ?

La motivation peut être purement sociale. Il faut tout de même justifier le fait que l'Etat vous paie... apparemment à ne rien faire ! Le passage par le CNRS avait d'ailleurs une tout autre fonction que celle d'aujourd'hui : on y restait le temps de terminer sa thèse. C'était en quelque sorte une bourse de doctorat. Et puis on rejoignait l'Université. Depuis quelques années, les mathématiciens ont décrété, à l'instar des autres corporations scientifiques, qu'il devait y avoir un certain pourcentage de gens capables de faire carrière toute leur vie dans les mathématiques. Mais c'est en réalité très difficile. Pour ma part, bien que nommé dans un institut où je devrais ne faire que cela, je suis convaincu que je n'ai pas été très productif.

Qu'entendez-vous par mathématiques productives ? S'agit-il de mathématiques appliquées ou applicables ?

Tout simplement de mathématiques donnant lieu à publication. J'ai publié pour la première fois en 1949. Je considère que j'ai été productif de 1951-1952 à 1958-1959. Je n'ai pas écrit beaucoup d'articles, mais certains sont encore cités aujourd'hui. C'est à cette époque que j'ai mis sur pied une discipline (les Anglais diraient un gadget) : le cobordisme. C'était une théorie assez jolie et plutôt profonde. C'est ce qui m'a valu la médaille Fields en 1958. Je crois avoir cessé d'être productif dans les années qui ont suivi cette récompense.

Alors, j'ai bâti une sorte de semi-philosophie. C'est ainsi que je caractérise la théorie des catastrophes. Certains ont dit qu'il s'agit de mauvaise science doublée d'une mauvaise philosophie... Peut-être ont-ils raison. Il me semble pourtant qu'il s'agit de quelque chose d'assez original, et finalement d'assez valable.

C'est pourtant, parmi vos travaux, celui qui vous a valu le plus grand retentissement public. N'est-ce pas parce que cela s'appelait « théorie des catastrophes », justement ?

On m'a beaucoup reproché d'avoir, avec cette terminologie, procédé médiatiquement. Ce n'était nullement mon intention, pourtant !

En vérité, il existe une réelle unité dans ma réflexion. Je ne la perçois qu'aujourd'hui, après y avoir beaucoup réfléchi, sur le plan philosophique. Et cette unité, je la trouve dans cette notion de bord. Celle de cobordisme lui était liée.

Nous savons tous ce que c'est que le bord de quelque chose, le bord de ce bureau, le bord du mur, la frontière en somme.

Faites-vous une différence entre bord, frontière et limite ?

Limite est plutôt un concept technique ; ce n'est pas vraiment un concept topologique. Il existe en analyse, pourtant, la notion de limite supérieure d'une suite. Le concept de bord s'en distingue nettement. Parler de limite contraint à considérer l'infini, en un certain sens, comme suite infinie de nombres : on prend leur limite supérieure. Bord, c'est quelque chose de plus concret, de plus immédiat, plus près de la physique, en somme.

La notion de bord me paraît aujourd'hui d'autant plus importante que j'ai plongé dans la métaphysique aristotélicienne. Pour Aristote, un être, en général, c'est ce qui est là, séparé. Il possède un bord, il est séparé de l'espace ambiant. En somme, le bord de la chose, c'est sa forme. Le concept, lui aussi, a un bord : c'est la définition de ce concept. Cette idée que le bord définit la chose n'est d'ailleurs pas tout à fait exacte pour un topologue. Ce n'est vrai que dans l'espace usuel.

Il reste que, partant de cette notion de bord, j'ai développé quelques théories mathématiques qui m'ont servi ; puis je me suis penché sur les applications, c'est-à-dire sur les possibilités d'envoyer un espace dans un autre, de manière continue. J'en ai été amené à étudier les fronces et les plis, objets qui ont une formalisation mathématique. J'ai pour cela repris les travaux d'un mathématicien américain, mort récemment, Haslen Whitney. Partant de là, j'ai pu développer la classification des modes par lesquels on peut envoyer un espace dans un autre. Ce que j'ai découvert dans cette direction était assez intéressant. J'ai pu parvenir à quelques classifications. J'ai même plongé dans la physique, lorsque j'étais professeur à Strasbourg : je voulaïs vérifier des idées mathématiques par l'optique géométrique : ce que j'y ai trouvé ne manquait pas d'intérêt.

La théorie des catastrophes est née de ce travail. Il y a bien une unité dans cette démarche ; elle ne doit rien à la volonté de capter l'attention des médias.

En étudiant les bords, les plis et les fronces, vous établissez que tout espace présente un certain nombre de caractéristiques qui mènent à des ruptures, et que l'on peut mettre en place des modèles qui les expliquent...

Les espaces que l'on considère généralement sont des espaces homogènes, localement homogènes. Ces espaces sont ce que nous appelons des variétés. L'espace euclidien est une variété. Mais les singularités apparaissent lorsque l'on soumet en quelque sorte l'espace à une contrainte. La manche de ma veste, si je la comprime, je fais apparaître des plis. C'est une situation générale. Cela ne relève pas de la mécanique des matériaux. J'énonce en réalité un théorème abstrait : lorsqu'un espace est soumis à une contrainte, c'est-à-dire lorsqu'on le projette sur quelque chose de plus petit que sa propre dimension, il accepte la contrainte, sauf en un certain nombre de points où il concentre, si l'on peut dire, toute son individualité première. Et c'est dans la présence de ces singularités que se fait la résistance. Le concept de singularité, c'est le moyen de subsumer en un point toute une structure globale. C'est un sujet délicat, qui mériterait de plus amples développements.

Il s'agit là d'une réflexion purement conceptuelle, détachée de toute matérialité, c'est-à-dire quelle que soit la nature du matériau ?

Il n'y a en effet pas de matérialité. Cependant, pour certains matériaux, cette conceptualisation joue.

Le grand mérite (et le grand scandale !) de la théorie des catastrophes a été de dire que l'on pouvait produire une théorie des accidents, des formes, du monde extérieur, indépendante du substrat, de sa nature matérielle. La collectivité scientifique ne l'a pas admis.

J'en suis venu à une liste des catastrophes élémentaires, au nombre de sept : le pli, la fronce, la queue d'aronde, le papillon, et les trois ombilics. Cette idée qu'il y avait sept types d'accidents a fasciné beaucoup de monde. On ne voit en réalité que les plus simples dans la vie courante. Les autres ne peuvent être détectés qu'au prix d'une analyse fine.

Mais cette théorie, reprise par d'autres que moi, d'ailleurs, a donné, sur le plan mathématique, de belles et profondes choses ! Quant à moi, je m'étais d'abord préoccupé des applications avant d'aborder l'aspect mathématique. Les mathématiciens sont venus ; ils ont fait le rapport avec certaines techniques utilisées en physique, en particulier des méthodes utilisées pour relier la mécanique quantique avec la mécanique classique : la méthode Brilouin-Kramer-Wenzel (la BKW Method). Cette méthode utilise précisément des arguments de singularité, la méthode dite du col. Les cols sont les points singuliers de la hauteur. C'est comme cela que l'on récupère en quelque sorte les objets classiques à partir des objets quantiques. Les objets classiques sont plus ou moins associés à des singularités du processus quantique. Ce que je dis là n'est d'ailleurs correct qu'en un sens étendu.

Vous avez fait allusion à votre intérêt soutenu pour la philosophie ; vous avez dit que vous aviez trouvé dans Aristote le fil conducteur de vos recherches, mais a posteriori, en somme... Quel est l'environnement philosophique qui vous a mené à la théorie des catastrophes ?

A partir de 1950, j'ai justement abandonné ces préoccupations philosophiques pour me consacrer aux mathématiques. Cela a duré jusqu'en 1956-1957. J'ai connu, ensuite, une sorte de phase de dépression : des progrès en mathématiques ont été réalisés par d'autres. Ils m'ont conduit à des théories si compliquées sur le plan algébrique que je ne parvenais plus à les suivre. J'ai dû « lâcher les pédales »...

Mais il faut quand même faire quelque chose ! Je me suis donc mis à chercher des applications possibles des théories mathématiques que je connaissais. C'est alors que je me suis orienté vers la théorie des catastrophes.

C'est donc en réaction au sentiment d'être dépassé par le cours des mathématiques, tel qu'il se développait en partie à la suite de mes propres idées, que je me suis orienté ainsi. Ne pouvant plus suivre, je suis, d'une certaine manière, revenu à des situations plus concrètes. En somme, et c'est un processus classique, la mathématique est allée vers l'abstraction, vers l'algèbre. Or, je n'aime pas l'algèbre, et je n'ai pas pu suivre. Je me suis donc consacré aux applications vers le monde réel.

La théorie des catastrophes a rencontré un succès médiatique considérable en 1974-1975 ; une critique plutôt virulente s'est ensuite abattue sur cette théorie. Elle émanait essentiellement d'outre-Atlantique, de la science établie, qui n'a au fond pas accepté ce genre de théorie.

Le succès médiatique s'est dégonflé comme une bulle. Quelques épigones s'étaient rués sur une théorie qui semblait leur promettre une belle carrière ; lorsqu'il a semblé que cela ne mènerait à rien, ils s'en sont retirés ! Finalement, dans les années 1975-1980, la théorie a connu une période de repli. C'est alors que j'ai cherché à répondre aux critiques épistémologiques qui m'avaient été opposées. J'ai dû me placer sur ce terrain, plonger dans la philosophie des sciences, quitte à, par la suite, passer à une philosophie plus générale.

Ainsi, partant d'une polémique sur la validité de la théorie des catastrophes, j'en suis venu à m'intéresser à la position de la science en général, et à ce qu'on peut attendre d'elle du point de vue de la connaissance. Cela incluait une réflexion sur les outils que la science utilise pour acquérir la connaissance.

Revenons, si vous le voulez bien, à la situation qui vous a orienté vers la théorie des catastrophes.

J'y suis venu de manière assez naturelle, comme je vous l'ai dit : c'est une évolution qui m'a amené, à partir d'un problème de pure mathématique, celui que l'on appelle les singularités génériques d'une application, à vérifier si ce théorème avait des applications physiques. J'étais alors à l'université de Strasbourg et j'ai pu faire quelques expériences d'optique. Un collègue physicien m'a prêté quelques instruments, un miroir sphérique, un prisme, un dioptre. J'ai pu fabriquer quelques caustiques, et je les ai fait varier en changeant un peu la position des paramètres ; j'ai observé comment elles se déformaient. C'est précisément cela qui m'intéressait.

Je suis donc parti de la déformation des caustiques. Il n'est peut-être pas inutile de dire quelques mots de ce qu'est une caustique.

Pour nous en faire une idée, on peut prendre un bol de porcelaine, dont l'intérieur sera très réfléchissant. On remplit ce bol de café, bien noir, de préférence. On place le bol ainsi rempli sous une lampe, la moins divergente possible, qui dispense une source lumineuse très ponctuelle : les rayons issus de la lampe, réfléchis sur les parois du bol, constituent une courbe lumineuse qui présente ce que l'on appelle un rebroussement, dans le plan de symétrie de la figure. Ce rebroussement possède la merveilleuse propriété d'être stable. Si l'on change légèrement l'orientation des rayons lumineux, on voit que le rebroussement subsiste. C'est l'effet physique d'un théorème de mathématiques. Cela n'a d'ailleurs rien d'étonnant : l'optique géométrique, ce n'est pas de la physique, c'est de la géométrie. La mécanique, elle, appartient pleinement à la physique. Cette affirmation m'est toujours restée depuis que, il y a bien longtemps, je l'ai entendu prononcer par un professeur de mathématiques supérieures du lycée Saint-Louis. Et c'est vrai !

Je suis parti de là pour la théorie des catastrophes : j'ai constaté qu'il y avait des types, des variations de caustiques que je ne prévoyais pas, qu'il fallait que je m'explique l'apparition de ces singularités. Il m'a fallu deux ou trois ans pour comprendre d'où cela provenait.

C'est un phénomène banal, mais c'est de là que je suis parti.

Quel a été alors le cheminement de votre pensée ?

J'ai quitté Strasbourg et je suis venu, répondant à l'appel du fondateur de l'IHES. J'avais davantage de loisirs, j'étais moins préoccupé par l'enseignement et les tâches administratives. Ma productivité purement mathématique me paraissait sur le déclin et j'ai commencé à m'intéresser davantage à la périphérie, c'est-à-dire aux applications possibles.

Outre l'optique, je me suis demandé s'il n'y avait pas quelques applications possibles à la biologie. J'ai fini par comprendre d'où sortaient ces singularités exceptionnelles : elles sont liées au fait que les trajectoires des rayons lumineux sont spéciales, parce qu'elles satisfont au principe de Fermat, principe variationnel ; elles ont des propriétés spéciales qui font que les caustiques « attrapent » plus facilement des singularités qu'elles ne devraient. C'est l'exploration de cette idée qui m'a conduit à la théorie des catastrophes, à la partie mathématique qui y mène.

Ces singularités, ce sont des formes particulières qui sont apparemment inattendues ?

Un problème de sémantique se pose : pour moi, n'importe quelle discontinuité dans les phénomènes est une catastrophe. Le bord de cette table, là où le bois devient de l'air : c'est une surface de séparation, c'est un lieu de catastrophe. La catastrophe est donc permanente, nous n'en avons pas conscience.

Mais le mot présente une difficulté : c'est un mot qui évoque une transformation brutale, temporelle, avec une durée bien déterminée (bien que j'aie trouvé récemment l'expression « catastrophe qui végète », appliquée à la situation de l'URSS avant la perestroïka ! l'expression semble avoir été empruntée à Céline, d'ailleurs). On m'a beaucoup reproché ce choix.

Il y a bien aussi des événements catastrophiques dans le domaine des relations humaines, des évolutions sociales...

Pour moi, il y a catastrophe dès qu'il y a discontinuité phénoménologique. Il est peut-être abusif d'employer un mot aussi dramatique pour une chose aussi générale. Mais je n'ai pas recherché cet effet. Le mot m'est venu naturellement : les physiciens ont introduit la terminologie de catastrophe infrarouge et de catastrophe ultraviolette pour des phénomènes de divergences de séries dans leurs calculs. L'usage était déjà installé. Mais j'ai voulu indiquer par ce mot qu'il s'agissait de quelque chose de dynamique, qu'une dynamique sous-jacente existait.

Pourrait-on trouver un synonyme qui satisferait ce que vous voulez dire par là ?

J'ai utilisé l'expression « discontinuité phénoménologique ». C'est un peu lourd, et, pour moi, le mot catastrophe recouvre cela exactement. Le bord d'un nuage est une catastrophe. Evidemment, lorsque ce nuage se fond continûment dans une sorte de brouillard, il est très difficile d'en parler dans ces termes. S'il n'y a pas de frontière nette, s'il n'y a pas de bord au nuage, je ne peux plus parler de catastrophe.

Destinée de la théorie des catastrophes...

Quelques décennies après l'avoir formulée, quelles sont les applications, ou les orientations tournées vers l'application, qui s'imposent ?

Si l'on se place du point de vue de la terminologie habituelle, au sens d'application de la science (c'est ainsi que l'on en parle dans les instances gouvernementales, par exemple), le bilan est plutôt mince. Il n'y a pas de domaine spécifique où l'on puisse dire que la théorie des catastrophes a permis la découverte de telle technique, tel outil, tel moyen de résoudre tel problème concret. La théorie des catastrophes est plutôt une méthodologie qui permet de comprendre, dans beaucoup de cas, et de modéliser dans un certain nombre de cas, des situations qui, autrement, seraient très difficiles à atteindre, des systèmes dont on ne pourrait pas obtenir une description, parce qu'ils sont trop compliqués, qu'ils possèdent trop d'éléments.

C'est donc une méthode qui permet de comprendre, qui a une vocation explicative ?

C'est effectivement son intérêt essentiel. Elle offre des moyens d'intelligibilité dans des situations qui sont en général trop complexes pour être analysées selon des méthodes réductionnistes.

Ça n'est pas rien ! Il s'agit de l'accès à la compréhension !

C'est effectivement un programme, un projet, tout à fait raisonnable. Mais elle présente cet inconvénient d'être une théorie qualitative, topologique, et qu'elle ne fournit pas de bornes quantitatives à la déformation des formes que l'on considère. Elle ne permet donc pas réellement l'action. Pour agir — on agit toujours *hic et nunc* — il faut disposer d'une localisation spatio-temporelle. Sinon, l'action tombe dans le vide.

Elle n'autorise donc pas le prédictif ?

Elle donne une sorte de description locale d'un système, dans un espace de paramètres de contrôle. On peut faire varier les contrôles à partir d'un certain système de valeurs et décrire, par des surfaces appropriées choisies dans cet espace, où se passent les catastrophes s'il y en a, et où ont lieu les variations continues.

PREDIRE N'EST PAS EXPLIQUER

Comment mieux faire comprendre l'intérêt de tout cela ?

En revenant à la genèse de cette théorie. Je l'ai proposée dans mon livre *Stabilité structurelle et morphogénèse* écrit dans les années 1967-1968. Il a paru en 1972. Entre-temps, ce livre a circulé souterrainement. Il a trouvé un lecteur attentif en la personne de Christopher Zeeman. Celui-ci a repris cette idée dans un cadre beaucoup plus général, celui de la théorie générale des systèmes : c'est l'idée que tout système peut être représenté comme une boîte noire, avec des entrées et des sorties. On étudie la correspondance entre les entrées et les sorties et, par l'analyse de cette correspondance, on essaye de comprendre les mécanismes en œuvre dans la boîte. Cela indique d'ailleurs clairement que la théorie des catastrophes, sous sa forme la plus pure en quelque sorte, est bien une herméneutique. Elle n'a rien de démiurgique comme la physique. En physique, on dit : il y a des lois, nous allons les découvrir. La théorie des catastrophes dit simplement : il y a continuité, continuité des fonctions, de leurs dérivées. On peut par conséquent traiter l'objet comme un objet analytique et faire des diagrammes, des figures du type des singularités analytiques. C'est la philosophie sous-jacente.

Pour en revenir aux applications, Christopher Zeeman en propose une quantité considérable : l'agressivité du chien, les krachs boursiers, les émeutes dans les prisons, l'analyse du comportement des pirates de l'air, les maladies maniaco-dépressives, en psychologie, en neurophysiologie, le battement du cœur, la propagation de l'influx nerveux... Tout cela peut être décrit par des modèles catastrophistes. Pour certains, on aboutit à des équations explicites : c'est le cas de la propagation de l'influx nerveux dans la membrane axonale. Le modèle catastrophiste ne sert donc plus à rien, puisque l'on dispose d'équations.

En physique, cette théorie n'a que peu d'intérêt : le propre du phénomène physique, c'est d'être décrit, grâce aux lois physiques, par des modèles quantitatifs ; il y a donc des équations, lesquelles sont données par des lois. Elles ne font pas appel à l'intuition, sauf rarissime exception.

En revanche, dans des domaines où il n'y a pas d'équation, mais où l'on observe un comportement global assez régulier, les modèles catastrophistes ne manquent pas d'intérêt. Les modèles proposés par Zeeman confèrent aux situations considérées une certaine intelligibilité. Ils ne permettent pas l'action, ni la prédiction, mais ce n'est pas rien tout de même. Si vous êtes un pragmatiste pur et dur, vous direz : « Ça ne sert décidément pas à grand-chose si je ne peux pas agir ! A quoi me sert de comprendre si je ne peux pas agir ? ». Mais la nature est ainsi faite que comprendre et agir ne sont pas synonymes... On arrive souvent à comprendre des situations sans pouvoir agir : c'est le cas du monsieur qui, victime d'une inondation, monte sur son toit lorsque le niveau de l'eau monte ! Dans d'autres cas, on agit efficacement sans bien comprendre pourquoi. L'aspirine fait partie de ces phénomènes ! C'est d'ailleurs une histoire très intéressante (dont je ne peux malheureusement garantir l'authenticité). Sa découverte aurait été due au mécanisme psychologique suivant : beaucoup de gens souffraient de douleurs rhumatismales, et ils avaient constaté que ces douleurs s'exagéraient par temps humide. Chez qui l'idée a-t-elle germé ? Ce sont peut-être les grands penseurs magiques des XVe et XVIe siècles, comme Paracelse, qui ont réfléchi sur ce problème : si l'on voulait guérir les douleurs de ce type, il fallait regarder les plantes qui supportent très bien l'eau. Les saules sont de ceux qui apprécient le mieux l'humidité. On a donc fait des décoctions de feuilles de saule : elles ont été efficaces contre les douleurs. C'est ainsi que serait né l'acide salicylique. D'ailleurs, « salex » veut dire saule en latin... Je ne sais pas ce que vaut cette théorie, mais c'est un exemple clair, qui montre comment des idées, *a priori* aberrantes, peuvent néanmoins conduire à des résultats concrets. L'aspirine est, après tout, l'un des meilleurs médicaments dont on dispose et dont la diffusion est quasi universelle.

N'est-ce pas sur ce point que des critiques se sont manifestées ?

A vrai dire, je n'ai jamais eu connaissance d'une critique circonstanciée de mes travaux. Il y a eu des affirmations brutales du type : « Thom prétend que la confirmation expérimentale de ses idées n'a aucune importance ; on peut donc en bonne logique considérer que ses idées sont fantaisistes... ». C'est un argument dont il ne faut pas sous-estimer la force. Mais il repose sur une ambiguïté. Les gens disent volontiers que tout doit être vérifié par l'expérience. Il serait plus juste de faire une distinction entre expérience et expérimentation. Si l'on étend l'expérimentation à l'expérience, il y a peu de choses que j'ai dites où l'on ne puisse trouver une représentation ou une confirmation dans l'expérience. Mais aujourd'hui on ne se contente pas seulement de l'expérience : on veut de l'expérimentation. Or, je pense que l'expérimentation ne devient nécessaire et utile qu'à la condition que l'on dispose d'un schéma théorique sous-jacent assez précis, qui permette effectivement d'avancer des prédictions. Or, le schéma des catastrophes ne permet en principe pas d'en faire qui soient susceptibles d'être utilisées pragmatiquement. Il faut, pour utiliser une prédiction de manière pragmatique, qu'elle soit quantitative.

N'est-ce pas la différence qu'il y a entre méditation et action ?

Peut-être, mais une méditation qui ne déboucherait pas sur une sorte d'action, ne serait-ce que sur soi-même, ne serait pas très intéressante.

Que peut-on dire de ces deux aspects : explication et prédiction ? La prédiction renverrait à la formule qui marche bien et qui, par conséquent, quantifie correctement, alors que l'explication peut fournir un cadre de compréhension, qui ne quantifie ni ne prédit ?

Tout à fait. C'est autour de cela que tourne le problème des modèles catastrophistes. Parfois, ils peuvent être quantifiés ; ils touchent alors, dans une certaine mesure, à la modélisation. Dans d'autres cas, ils sont purement qualitatifs, et il est déraisonnable de vouloir les quantifier. Le premier modèle que nous a proposé Zeeman, celui de l'agressivité du chien, est fondamentalement qualitatif. Il n'est pas question de donner une mesure quantitative de l'agressivité d'un chien.

On définit seulement les conditions dans lesquelles elle se manifeste ?

Zeeman souligne une certaine gradation dans le comportement, non dénuée d'intérêt. Mais ce n'est en rien un modèle quantitatif.

PREDIRE N'EST PAS EXPLIQUER

Les polémiques suscitées par la théorie des catastrophes...

Ces travaux ont suscité des réactions diverses, et quelquefois des critiques sévères. Avez-vous, aujourd'hui encore, envie de répondre à vos détracteurs ?

Il faut distinguer deux périodes. Celle qui concerne directement la théorie des catastrophes mérite d'être quelque peu détaillée. J'ai donné naissance à la théorie sous sa forme mathématique. Elle s'est ensuite implantée en Angleterre où Christopher Zeeman a proposé des possibilités d'emploi de la théorie beaucoup plus larges que celles que j'envisageais. Dans ma vision initiale, les seuls paramètres dont on doive s'inquiéter, ceux où se passe la morphologie, ce sont ceux de l'espace et, à la rigueur, l'espace-temps. Zeeman a apporté une idée plus audacieuse, en disant que l'on pouvait considérer tous les espaces de contrôle utilisés en théorie des systèmes.

Je voyais la théorie des catastrophes comme essentiellement accrochée aux discontinuités qualitatives du monde, aux formes, donc. Ce que l'on appelle usuellement une forme, c'est toujours, en dernière analyse, une discontinuité qualitative sur un certain fond continu. Je voulais proposer une théorie de ce genre de situations. Je me suis évidemment placé dans l'optique des formes dans l'espace ordinaire. Christopher Zeeman y a apporté l'idée suivante : en théorie des systèmes, on cherche essentiellement à rendre compte de ce qui se passe dans une boîte noire, avec un système parfaitement isolé du monde extérieur, qui ne peut réagir sur ce monde extérieur que selon des voies parfaitement contrôlées. On échange de la matière et de l'énergie avec le système dans la boîte noire, et il en sort de la matière et de l'énergie. A temps discret — t = 0, 1, 2, 3, etc. —, on injecte de la matière et de l'énergie, selon un certain protocole, dans la boîte noire, et puis on observe ce qu'il en sort au même instant ; on peut alors étudier le comportement du système du point de vue des entrées et des sorties. La théorie réductionniste dira : cassons les parois de cette boîte pour voir ce qu'il y a dedans. Lorsque l'on saura exactement ce qui s'y trouve, alors nous pourrons expliquer comment elle fonctionne. Les théoriciens des systèmes répondent : non ! On ne peut casser la boîte, surtout s'il s'agit d'un être vivant ! Il est d'ailleurs fréquent que l'on ne puisse pas casser la boîte noire. Laquelle de ces deux méthodes est la plus féconde ? Je me garderai bien de trancher. Dans la science contemporaine, tout le monde vous dira que c'est la méthode réductionniste. Il est vrai que la méthode de la théorie générale des systèmes demande... de la cervelle, une certaine capacité d'interprétation. Ce n'est pas donné à tout le monde. Tandis que réaliser une analyse chimique très fine, explorer quelque chose avec des instruments bien calibrés, cela peut être exécuté par quiconque connaît la technique. D'autant plus que dans la philosophie expérimentale contemporaine, pourvu que l'on ait des résultats contrôlés, on obtient le résultat. Personne ne vous chicanera là-dessus. Une interprétation, on peut toujours la contester. La tendance actuelle est donc à réduire le système à ses éléments et à voir si l'on peut modéliser la dynamique du système à partir de cette décomposition en ses éléments, supposés simples. Mais cette méthode comporte un certain nombre d'obstacles majeurs. Le premier, c'est qu'un système est parfois composé d'un nombre considérable d'éléments. En allant jusqu'aux atomes, on atteint rapidement des nombres considérables, des 10^{22} ou 10^{23}. Il est hors de question de les modéliser un par un. L'approche dynamique classique échoue. La dynamique quantique échoue également : bien que statistique, elle traite des phénomènes à une échelle qu'elle ne peut en réalité abandonner, celle des très petits phénomènes. L'approche globaliste, elle, procède autrement : je donne un certain flux, une entrée dans mon système à l'instant $t = 0$. Je regarde la sortie au même instant, et je répète l'opération. Si je suppose qu'entrées et sorties sont paramétrées comme des vecteurs dans un espace, par exemple un nombre, avec X à l'entrée, et Y à la sortie, en marquant le point X-Y, j'obtiens un point dans le plan. En réitérant l'opération, j'ai finalement un nuage de points que je peux laisser se continuer indéfiniment. La philosophie générale de cette méthode, c'est de dire : je vais essayer de déterminer l'allure de ce nuage de points, et, l'interprétation entrant alors en jeu, trouver le mécanisme déterministique le plus simple qui puisse engendrer ce nuage de points.

L'élargissement de ma théorie a consisté à faire une hypothèse générale sur la dynamique interne à la boîte. Elle est la suivante : admettons que le système évoluant au cours du temps, en injectant toujours la même entrée, on obtienne toujours la même sortie. On a donc un nuage de points bien défini dans la boîte : on pourra alors interpréter ce nuage de points comme un attracteur, c'est-à-dire une sorte d'état limite des trajectoires du système, ensemble des états limites des trajectoires du système. Si l'on a par exemple un équilibre chimique, et si l'on étudie la variation des concentrations des substances en réaction, l'équilibre étant ponctuel, il y aura un point unique comme attracteur du système. L'idée était que, pour beaucoup de systèmes naturels, les attracteurs sont, au fond, des objets relativement simples. Le mécanisme peut être très compliqué, mais l'attracteur devait être relativement simple. C'est le cas dans ce que l'on appelle les systèmes de gradients. Une chute de corps dans laquelle il n'y aurait pas d'énergie cinétique, chute de corps de masse nulle, avec une certaine dissipation d'énergie, cela donne une dynamique de gradients. Les corps tombent, vers le point le plus bas qu'ils puissent atteindre. Le minimum de potentiel nous donne, là, l'attracteur. Selon cette idée, il fallait d'abord considérer les systèmes qui sont régis par des dynamiques de gradients et étudier effectivement ce qui se passe dans ces systèmes. L'espace de configuration se décompose en bassins d'attraction, chacun allant vers un minimum. On peut s'imaginer cela avec une carte de géographie : les fleuves coulent dans des bassins, qui sont en général des lacs ou des mers. Théoriquement, dans une situation mathématique, il s'agit de points. Tout le problème, lorsque l'on veut faire du déterminisme dans un système de ce genre, consiste à savoir dans quel bassin on se trouve. En géographie, si vous êtes sur le plateau de Langres, vous aurez du mal à savoir si vous allez vers la Saône, vers la Meuse ou vers la Marne. En versant de l'eau par terre, pour suivre la trajectoire, il faudra prendre une carte très précise pour savoir dans quel bassin vous êtes. Le problème de prédiction, dans le cas de la dynamique de gradients, est un problème simple : il suffit en somme de déterminer dans quel bassin d'attracteurs on se trouve. Les attracteurs sont en général des points. Exceptionnellement, cela peut être des courbes ou des surfaces ; c'est une situation instable qui, en général, disparaît rapidement. Si l'on fait des hypothèses de stabilité du système, du point de vue de sa configuration, alors il n'y a, pour les gradients, que des points. C'est une situation très favorable qui se prête volontiers à la mathématique. Elle fait l'objet précisément de ce que j'ai appelé « théorie des catastrophes élémentaires ». Cette terminologie est restée, d'ailleurs.

L'idée de Zeeman était donc de dire : si je regarde ce nuage de points dans l'espace des entrées et produit par les sorties, je vais essayer d'interpréter la figure que je vois, comme associée à un attracteur d'un système dynamique. C'est parfaitement possible. On peut, dans presque tous les cas, interpréter là où les points s'accumulent comme des espèces de nappes, qui seront des minima d'un certain potentiel ; on peut alors étudier cette famille de potentiels lorsqu'on fait varier les paramètres de contrôle agissant sur le système. Les systèmes dépendent de variables rapides (dites « internes ») qui paramétrisent l'espace de configuration, et de variables lentes (dites « externes ») qui, dans le cas du contrôle, ont leurs valeurs fixées par l'expérimentateur. L'espace de ces valeurs est alors dit « espace de contrôle ». Ces paramètres de contrôle, ce sont ceux qui agissent sur le système, qui en modifient la dynamique : par exemple, la température ou la pression, supposées constantes et globalement définies. A chaque point des espaces de contrôle correspond un certain attracteur, ultime. On projette alors l'ensemble de cette configuration sur l'espace de contrôle et on a des nappes, des régions où dominent les attracteurs. Un attracteur domine dans une région, un autre dans une autre région. On s'efforce de tracer la séparatrice entre ces régions. Si cela est possible, on peut alors, en fixant les valeurs de contrôle, prédire exactement où va aller le système. Situation extrêmement favorable. Ce qu'apporte la théorie des catastrophes, les théorèmes mathématiques qui y sont associés, ce sont des moyens de classifier ce qui se passe pour ces bassins d'attraction et leurs limites lorsque l'on suppose que toute la configuration est structurellement stable. C'est-à-dire qu'elle ne varie pas qualitativement lorsqu'on bouge un peu les paramètres de contrôle ou les variables d'entrée et de sortie qui peuvent se présenter. Alors, tout cela fait que cette théorie se présente mathématiquement très bien, mais ses possibilités d'application ont tout de suite posé problème.

Zeeman a donc appliqué la théorie dans des situations extrêmement variées, tirées de la sociologie, de la biologie, de la médecine.

C'est le cas avec le syndrome maniaco-dépressif, par exemple...

On peut l'interpréter de manière catastrophiste comme une lutte entre deux régimes stables qui se partagent en quelque sorte le comportement de l'individu. Il y a également un modèle sur l'anorexie mentale qui a été présenté, dans cette direction, par un ami de Zeeman.

Le retentissement médiatique a été considérable lorsque Zeeman a présenté ces conclusions au congrès des mathématiciens de Vancouver, en 1974. On a dit que c'était un moyen extraordinaire de modéliser les phénomènes où il n'y a apparemment pas de loi mathématique sous-jacente.

Les premières contestations sont venues d'Outre-Atlantique. On dit perfidement que le Nouveau Continent n'accepte pas volontiers les innovations qui lui viennent du Vieux Continent. Reste que les critiques sont venues de là-bas.

Quelle était la nature de ces critiques ?

Elles portaient sur deux points. Le premier concernait une certaine insuffisance conceptuelle de l'application ou, plutôt, le fait que des hypothèses requises pour faire fonctionner le modèle de la théorie des catastrophes sont des hypothèses extrêmement restrictives. Une dynamique de gradients est une dynamique très spéciale. Une dynamique de points pesants jetés dans l'espace, ce n'est pas une dynamique de gradients. Lorsque l'on jette un corps solide, pesant, dans l'espace, son énergie est composée de deux parties : l'énergie potentielle et l'énergie cinétique. La première donne effectivement lieu à une dynamique de gradients, par dissipativité. L'énergie cinétique non. Elle donne plutôt lieu à ce que l'on appelle une dynamique hamiltonienne, une dynamique où il n'y a pas de perte d'énergie par dissipation. L'aspect des trajectoires en est notablement modifié. Selon que l'on adopte une hypothèse où il y a une sorte de frottement infini (c'est au fond l'hypothèse de la physique aristotélicienne) ou une hypothèse sans frottement, où les choses se passent absolument librement, sans déperdition d'énergie, il peut y avoir une certaine dégradation de l'énergie, mais il ne peut y avoir déperdition. Cette remarque peut être faite pour le frottement : il y a aussi conservation de l'énergie. Mais comme on ne s'intéresse pas à l'énergie thermique, la chaleur qui sort de ce frottement est négligée. L'énergie, celle que l'on appelle libre, donc diminue.

Il y a donc une objection.

Il en est une autre, plus subtile, provenant de gens qui considéraient essentiellement les systèmes dynamiques issus des lois physiques. Ce ne sont pas des systèmes dynamiques gradients.

En outre, pour faire fonctionner le modèle des catastrophes, il faut faire l'hypothèse de positions générales, de stabilité structurelle. On nous a donc opposé que l'univers est ce qu'il est, et qu'il ne s'agit pas d'en changer les lois pour rendre structurellement stables les systèmes qui ne le sont pas. Les lois sont ce qu'elles sont : on ne peut les perturber. Il faut donc regarder les choses comme elles sont et ne pas s'amuser à plaquer des théories mathématiques plus simples, précisément parce qu'elles seraient plus simples.

Les deux objections reviendraient donc à indiquer que la théorie des catastrophes ne colle pas vraiment au réel manifesté...

Mais il y en a eu une troisième, qui a largement refroidi les enthousiasmes : pour des raisons théoriques, la théorie ne permet pas la prédiction quantitative, une véritable prédiction, donc. Un modèle catastrophique n'est pas fondé sur des équations ; ce sont des équations sur lesquelles on se permet un certain nombre de déformations : des changements de variables, en particulier, des perturbations, des déformations. C'est ce qui reste invariant, en somme, lorsque l'on fait des perturbations, qui est le contenu solide de la théorie des catastrophes. Or, ce contenu solide est qualitatif et pas quantitatif. Tout le monde s'est alors aussitôt rappelé la vieille formule de Rutheford que je cite au début de *Stabilité structurelle et morphogenèse* : « Qualitative is nothing but poor quantitative ». On m'a dit alors qu'effectivement la théorie des catastrophes en elle-même ne permet pas la prédiction exacte des choses, et même pas une prédiction quantitativement approchée, ce qui est plus grave.

Elle explique comment se déroule le phénomène, mais elle ne peut dire à quel endroit ni à quel moment il va se passer ?

Les objecteurs m'ont dit : vous nous proposez une métaphore.

Faut-il interpréter ce reproche comme une objection ou comme un compliment ? Je le prends personnellement comme un compliment. Disposer d'une métaphore là où l'on n'avait rien, c'est déjà un joli progrès ! Mais les gens là-bas ne travaillent que sur des ordinateurs ; ils veulent pouvoir disposer de données numériques. Il faut bien avouer que, dans ce domaine, la théorie des catastrophes échoue lamentablement. A ma connaissance il n'y a pas de modèle quantitativement numérique, fondé sur la théorie des catastrophes, qui ait donné des résultats vraiment intéressants. Peut-être dans le domaine des statistiques, mais il faudrait y regarder de plus près.

Quelle réponse faites-vous à ce premier groupe d'objections ?

Sur le problème de l'inefficacité prédictive de la théorie, je pense qu'ils ont raison. Je l'ai dit d'emblée, presque un an avant que ces objections ne viennent des Etats-Unis. J'en avais discuté avec Christopher Zeeman. Lui, très optimiste, pensait que cela pouvait fonctionner numériquement. Je lui répondais alors que ce serait un miracle.

C'est effectivement une théorie purement mathématique, qui ne dit rien sur la nature des phénomènes sous-jacents, sur leur nature physique, chimique, biologique. Postuler qu'elle puisse donner des résultats quantitatifs, c'est affirmer que presque tout type de phénomène est régi par des lois quantitatives explicites. Je ne sais pas si le déterministe le plus convaincu, qu'était Leibnitz, l'aurait accepté ! La théorie des catastrophes n'a pas le pouvoir de mathématiser une situation qui, par elle-même, n'est pas mathématisable, qui n'est pas soumise à des lois ressortissant au formalisme des lois physiques. C'est une chose dont peu de gens ont conscience : peu de phénomènes dans la nature sont régis par des lois quantitatives exactes et précises. Par définition, c'est le domaine de la physique, pourrait-on dire. Toutes les autres lois sont approchées.

Toute une série de phénomènes sont le résultat d'un si grand nombre de causes entrecroisées qu'il est difficile de trouver un modèle en donnant une description précise et permettant une prédiction. On utilise pourtant des statistiques, des probabilités, pour donner des fourchettes.

Il existe toute une technique qui appartient à ce que l'on appelle l'analyse numérique, aux mathématiques appliquées, qui permet de faire des évaluations approchées dans des situations qui doivent tout de même au départ avoir une racine physique assez stricte, mais qui sont tellement complexes, mélangées, que l'on n'est pas capable de trouver immédiatement une loi quantitative précise.

Quel était alors le statut de la théorie des catastrophes ? Vous parlez du qualitatif opposé au quantitatif. Cette théorie ne pouvait-elle que fournir une sorte de cadre théorique abstrait, une certaine tendance pour tel ou tel comportement ?

L'emploi du mot tendance est assez approprié. Ce qu'offre la théorie des catastrophes, surtout des catastrophes élémentaires, c'est la description de conflits de tendances. Mais le nombre de ces conflits doit être petit, deux ou trois au maximum, quatre à la limite, encore que je ne me sente pas capable de citer un exemple convaincant de morphologie déduite du conflit de quatre tendances. On peut alors déduire au moins une taxinomie des situations de conflit, qui se traduit effectivement en une répartition en bassins, dans un espace de contrôle, où chaque tendance, chaque attracteur, domine un domaine bien spécifique. Ce que donne la théorie des catastrophes, c'est la morphologie des surfaces, où l'on saute catastrophiquement d'un régime à l'autre.

Ce qui peut donc soulever des polémiques, c'est l'utilisation de ces tendances, de ces morphologies spatio-temporelles pour des phénomènes complexes comme des comportements sociaux ou autres phénomènes de ce type.

Je ne crois pas que les objections soient venues des sciences humaines, des sciences sociales, comme on dit aux Etats-Unis. Ces gens-là, au contraire, ont été plutôt heureux que l'on puisse injecter un peu de mathématiques dans leurs données. Les objections venaient des mathématiques appliquées, des spécialistes des équations et dérivées partielles, de l'hydrodynamique, de la mécanique des fluides, en somme, des disciplines que je dirais semi-dures. Ils ne voulaient pas perdre le bénéfice d'avoir des équations que l'on puisse traiter et par lesquelles on puisse faire des prédictions, au profit d'un modélisme un peu mou, qui n'aurait donné que des interprétations qualitatives. C'était un peu une réaction corporative ; ainsi toute la corporation des mathématiciens appliqués s'est dressée contre cette théorie.

C'est une théorie qui propose en fait des procédures explicatives dont la philosophie peut tirer avantage.

L'intérêt essentiel de cette théorie est certainement de fournir en sciences et ailleurs des schémas d'intelligibilité. Et cela me semble assez précieux. Même si parfois on se trompe ; même si parfois la réalité est régie par un génie malfaisant qui nous propose des pseudo-intelligibilités. Cette théorie a pour intérêt principal de proposer une théorie mathématique de l'analogie. L'analogie, c'est une opération mentale qui, en principe, n'a rien à faire avec un substrat bien défini. On peut appliquer la pensée analogique à des situations très différentes, sans se préoccuper d'avoir à faire à de la physique, de la chimie, de la biologie, de la sociologie.

La métaphore est alors un bon instrument...

Absolument. Konrad Lorenz, dans son discours au Nobel, a fait une observation qui m'a beaucoup frappé quand je l'ai lue, quelques années plus tard. Il a dit : « Toute analogie est vraie. » C'est certainement une formulation un peu excessive, mais si l'on ajoute : « Toute analogie, pourvu qu'elle soit acceptable sémantiquement, est vraie », je crois qu'elle devient une formulation parfaitement rigoureuse. Autrement dit, si, par un effort de l'esprit, on se convainc qu'une analogie est correcte, cette correction, qui provient d'un examen purement mental des termes de l'analogie, implique la vérité de l'assertion. Dans cette situation, la forme de l'esprit détermine en somme la vérité de l'analogie.

N'y-a-t-il pas alors le risque que chaque individu ait ses propres procédures analogiques, et qu'il n'en existe pas de suffisamment collective pour pouvoir communiquer de manière rigoureuse ?

Il y a des cas où l'analogie est parfaitement explicite. Si vous prenez la vieille analogie aristotélicienne : « Soir sur jour égale vieillesse sur vie », une analogie qui prend la forme d'une fraction, d'une proportion, d'une égalité entre deux rapports. Il est clair que le nœud organisateur de l'analogie, c'est cette idée de fin de régime, de la fin d'un laps de temps, ce que l'on appelle vieillesse d'un côté et ce que l'on appelle soir de l'autre. C'est une sorte de voisinage de l'instant terminal, du point terminal de l'intervalle que vous considérez. Il y a là une géométrie sous-jacente qui explique entièrement le contenu de l'analogie. On ne peut rien y objecter. Sa force probatoire est comparable à celle de l'arithmétique.

C'est donc le premier aspect, le premier moment des polémiques. Quelle est le second ?

Venons-en au second aspect. La collectivité scientifique a manifesté une désaffection progressive vis-à-vis de cette théorie. Je recevais, à l'époque de son triomphe, de deux à trois modèles catastrophistes par semaine dans mon courrier, et de tous les horizons. Si j'en reçois maintenant un par mois, c'est le maximum. Sociologiquement, on peut dire que cette théorie a donc fait naufrage.

Mais c'est en un certain sens un naufrage subtil, parce que la plupart des notions que j'ai introduites ont fait leur chemin. C'est en fait passé dans le langage de tous les jours, et tout le monde parle de fronces, on sait ce qu'est une queue d'aronde, etc. Ces notions ont pénétré dans le bagage ordinaire des modélisateurs. Alors, il est vrai que, dans un sens, les ambitions de la théorie ont fait naufrage, mais la pratique, elle, a réussi. Mais les théorèmes de mathématiques ne font pas l'objet de patentes, et je n'en ai retiré aucun bénéfice. C'est d'ailleurs une bonne chose : cela fait de ce domaine scientifique l'un des derniers qui soit pur de tout impératif commercial. De ce point de vue, au moins, je tiens beaucoup à l'échec de la théorie des catastrophes !

Certains éléments constitutifs de la théorie sont donc actuellement utilisés ?

Certainement.

Mais la théorie en général, est-elle abandonnée ?

La théorie dans son ambition, oui. Il y a eu des divergences entre Christopher Zeeman et moi-même : il est resté très optimiste dans son principe sur les capacités modélisatrices au sens quantitatif et prédictif ; c'est un terrain que, pour ma part, j'abandonne bien volontiers aux critiques. La théorie généralisée, je l'ai plutôt développée dans des domaines à caractère philosophique. L'ambition d'avoir des résultats n'est pas immédiate. Et il n'y a pas vraiment de polémiques dans ce domaine...

Ne vous a-t-on pas fait d'objections sur le fait que vous développiez une théorie qui s'appliquait indépendamment du substrat ?

C'est certainement quelque chose qui est très difficile à avaler, même pour un esprit qui ne serait pas strictement scientifique : personne ne croira que le comportement d'un solide soit le même que le comportement d'un liquide ou celui d'un gaz. Il aura raison de ne pas le croire ! Mais cette objection, étrangement, ne m'a pas été adressée. Peut-être parce qu'elle était trop évidente !

Pourtant, lorsque l'on examine les choses plus profondément, on se rend compte que la théorie des catastrophes ne cesse pas d'avoir une certaine validité, même en dépit des propriétés différentes des substrats. Un exemple typique, c'est l'arête, ici, qui sépare la surface horizontale de la surface verticale de cette planche de bureau. J'y vois un lieu de catastrophe, puisqu'il y a là changement d'un régime vertical à un régime horizontal. Les deux se rencontrent suivant une arête. Elle est issue du découpage d'une planche qui était initialement continue, et l'action de la scie sur le bois est la réalisation d'une catastrophe élémentaire. C'est la *fronce duale* en quelque sorte l'anti-fronce. Cette catastrophe statique que nous avons là est la mémoire d'une catastrophe dynamique qui a eu lieu au moment où l'on a fabriqué cette planche. Les solides, donc, gardent la mémoire de toutes les catastrophes qu'ils ont subies. Le solide n'est pas très intéressant du point de vue dynamique. Le solide est plutôt statique. Mais il a l'intérêt d'être le dépositaire des actions passées, et cela le rend intéressant pour l'interprétation des formes. C'est une mémoire. Le liquide, lui, a peu de mémoire, et le gaz moins encore, puisqu'il prend la forme du récipient qui le contient.

Cette façon de ne pas tenir compte du substrat vous amène à proposer des cadres explicatifs...

Les difficultés du substrat n'apparaissent guère que dans la mesure où des phénomènes deviennent en quelque sorte statiques. Il y a un processus morphologique, et il s'arrête : on obtient alors une forme qu'il faut interpréter. Il faut donc remonter à sa genèse. Et là, à ce stade de la genèse, la théorie des catastrophes peut s'appliquer sans trop prendre en considération la nature du substrat. On peut d'ailleurs très bien se blesser avec une feuille de papier : ce n'est pourtant pas très rigide, mais si vous la heurtez assez rapidement, vous pouvez vous blesser. C'est une question de vitesse relative, qui peut annuler dans une certaine mesure les flexibilités relatives des deux milieux. Il y aurait toute une analyse à faire sur la possibilité de faire disparaître les propriétés spécifiques d'un milieu aux grandes vitesses.

Quelle a été la seconde catégorie de polémiques ?

On est sorti de la théorie des gradients par la considération de ce que l'on appelle le chaos. Il est apparu dans les années 1975-1980 : là est apparue la notion d'attracteurs. Et on s'est trouvé devant le problème de leur bifurcation. C'est malheureusement un problème d'une complexité extraordinaire. Même des équations très simples, des équations différentielles où l'on a deux paramètres, peuvent exhiber un diagramme de bifurcation effroyablement compliqué. Et c'est lié à une autre problématique, le problème de la stabilité structurelle, qui a joué un grand rôle dans la controverse de la théorie des catastrophes. J'étais parti dans l'idée que presque tout système différentiel, et même qu'un système dynamique en un certain sens, est structurellement stable. C'est vrai en dimension 2, et cela a été démontré sur des surfaces orientables par un mathématicien brésilien de mes amis, mais dès que l'on est passé à la dimension 4, nous sommes tombés sur un bec. On a constaté qu'il y avait des systèmes différentiels où, dans cette dimension, l'on pouvait, par un petit changement de paramètres, obtenir une infinité de types topologiques du système correspondant. Autrement dit, il y a une instabilité topologique du système en presque tous les points de l'espace de contrôle. C'était en fait la ruine du fondement théorique de la théorie des catastrophes.

Cela a représenté une certaine désillusion pour moi, parce que j'espérais qu'avec la notion de stabilité structurelle, on pouvait réintroduire un peu de régularité dans le monde. En réalité, il faut bien se rendre compte que l'instabilité que déploient ces systèmes est peu visible. L'attracteur a une structure extrêmement filamenteuse, une structure fractale comme on dit maintenant, et il change alors tout le temps la configuration de ses filaments. Si vous regardez les choses de loin, vous n'y voyez aucune différence. La structure fine de l'attracteur change constamment, mais son caractère attirant global ne change pas trop. Si l'on ne fait pas de théorie fine de mathématique, on peut développer des considérations de stabilité structurelle qui sont tout à fait semblables à celles de la théorie des catastrophes. C'est une voie que l'on explore en ce moment et il y a des gens, à l'université de Nice par exemple, qui se dirigent dans cette direction.

Vous avez certainement entendu parler de la mode du chaos. C'est quelque chose qui a été lancé il y a une dizaine d'années : on a redécouvert un vieux résultat de mathématiques dû à Hadamard en 1902, qui dit que sur une surface de genre 2, pour travailler une surface à deux trous, si l'on munit cela d'une métrique appropriée, une métrique hyperbolique constante, deux trajectoires, deux géodésiques, vont toujours diverger. Autrement dit, si on prend deux positions initiales très voisines, au bout d'un certain temps, les points qui décrivent cette géodésique vont se retrouver très loin l'un de l'autre et dans une situation statistiquement chaotique. Les physiciens n'ont guère remarqué la chose... Finalement, on a redécouvert ce phénomène, dit de dépendance sensitive des conditions initiales, seulement dans les années 1975-1980. La seule donnée qui reste alors est une donnée statistique. Il faut regarder les évolutions asymptotiques et voir si l'on a des propriétés de moyennisation du flot sur l'espace, qui seules sont invariantes.

On a appelé chaotique ce système.

2
POSITIONS PHILOSOPHIQUES

Etes-vous un matérialiste ?

Je ne pense pas. Je vois la matière dans une optique aristotélicienne, une sorte de continu qui peut acquérir des formes. La forme peut être externe, visible, ou interne. La forme interne, c'est ce que l'on appellerait une qualité, du point de vue sémantique. La *materia signata* d'Aristote, c'est une matière pourvue de qualités. Selon moi, toute qualité peut précisément être vue, dans une certaine mesure, comme une forme spatiale, une forme étendue dans un espace abstrait.

Comment est l'espace qui reçoit cette qualité ?

La matière originelle, si j'ose dire, c'est un peu la matière première d'Aristote, c'est le substrat qui peut recevoir toute espèce de qualité, n'importe quel prédicat. La matière première est une espèce d'idéalisation qui, très rapidement, acquiert des qualités, des formes...

... qui préexiste à tout, en somme ?

En un certain sens, oui. Mais Aristote ne s'étend pas beaucoup sur la manière dont il voit la matière première. A mon sens, il faut toujours la ramener à un continu, à une étendue. Je suis un topologue universel. J'ai une véritable métaphysique du continu.

A vous entendre, il semblerait qu'il y a une sorte d'identité entre la notion d'espace abstrait et celle de materia prima...

Pour moi, c'est à peu près la même chose. Evidemment, les espaces abstraits de la mathématique en général ont justement des formes de nature algébrique. Ce sont, par exemple, des espaces vectoriels. On peut y faire des opérations. Ils sont déjà trop qualifiés, en quelque sorte.

Avez-vous toujours eu cette façon de voir et de penser, ou avez-vous évolué à mesure que vous meniez à bien vos travaux ?

Il me serait difficile de dire à quelle époque exactement j'ai conçu cette sorte de métaphysique. Je crois que je n'ai jamais eu de sympathie pour le matérialisme-positivisme en général. Mais, d'un autre côté, j'ai également une très grande défiance vis-à-vis des considérations métaphysico-religieuses. Ma situation est vraiment sur une ligne de crête, une crête assez étroite, d'ailleurs. Je m'y tiens de mon mieux.

Il me semble toutefois que je n'ai pas beaucoup varié dans mon existence à cet égard. Je ne crois pas avoir beaucoup changé. J'appartenais à une famille de tradition protestante. Ma ville natale, Montbéliard, a eu un destin assez particulier : elle est restée sous domination allemande jusqu'à la Révolution. Tout dépendait des ducs de Wurtemberg, et ils ont imposé la Réforme au XVIe siècle. Nous avons eu une église luthérienne. Nous sommes parmi les rares francophones protestants luthériens. Dans ma famille, mon père n'était pas croyant, et ma mère ne l'était guère plus ; c'étaient les grands-mères qui nous envoyaient à l'école du dimanche, par respect de la tradition. Mais j'en ai tout de même été assez fortement marqué, de manière ambiguë, parce que j'étais à la fois intéressé et repoussé par la manière dont on y exposait la Bible.

Ce qui m'intéressait, c'était justement l'aspect réellement profond des textes bibliques. On ne peut pas lire, disons la Genèse, sans être immédiatement saisi par ce qu'il y a d'universel dans ce texte ; c'est à la fois poétique et profond. On sait que ce sont peut-être des mensonges, mais en tant que mythes, je dirais... qu'on n'a pas fait plus vrai ! Ce qui me repoussait, c'était le rituel : il fallait se lever, joindre les mains pour la prière, toutes choses que je ressentais comme des contraintes un peu absurdes, parce que je ne partageais pas les sentiments généraux qu'on exigeait d'un croyant.

Ce qui vous intéressait, au fond, c'était la description, l'explication, tandis que ce qui vous ennuyait, c'était la pratique d'un échange plus ou moins illusoire...

Au fond, ce qui me repoussait, c'était la nécessité d'un certain engagement. J'ai toujours refusé l'engagement, en un sens, aussi bien sur le plan religieux que sur le plan politique.

Quels dangers y percevez-vous ? Une sorte d'aliénation ?

Bien sûr et puis, au fond, je crois que les gens qui s'engagent sont ceux qui, d'une certaine manière, manquent de personnalité. N'ayant pas de personnalité propre, de ressources internes qui leur soient personnelles, ils les trouvent justement dans cette aliénation que procure l'engagement.

C'est se justifier par des actions externes ?

Oui, par l'utilité sociale, l'utilité du groupe.

Les descriptions du monde que la Bible de votre enfance vous a données, et celles auxquelles vous vous livrez en faisant des mathématiques et de la topologie, ont-elles une certaine parenté ?

Il n'y a pas de rapport immédiat entre la Bible et les mathématiques. En creusant assez profond, peut-être trouverait-on quelque chose. Je pense par exemple aux analogies. Il y en a une qui me revient à l'esprit : le monde avant la Chute et le monde après, dans la Genèse ; et puis le monde sublunaire et le monde supralunaire d'Aristote ; la dynamique classique opposée à la dynamique aristotélicienne, il me semble que tout cela renvoie de l'un à l'autre. Tu gagneras ton pain à la sueur de ton front : c'est la nécessité du frottement, c'est la dissipation, la dissipativité de la dynamique terrestre. Tandis que le monde de la dynamique hamiltonienne, c'est l'éternité permanente, sans frottement, un mouvement... presque immobile !

S'il n'y a pas de repères, le mouvement perd son sens...

Et si l'on donne trop de changements de repères, on finit par tuer le mouvement.

On pourrait lire la Bible en y cherchant les fronces et les plis ?

Une sorte de sémiotique topologique de la Bible ? Je ne m'y suis pas risqué !

Il doit bien y avoir quelques catastrophes dans le récit biblique ?

Cela, c'est trop facile ! Des catastrophes, il y en a partout. Il n'est pas très facile de trouver des exemples purs. Ce n'est pas l'aspect pur qui est intéressant. Je veux dire par là que, lorsque l'on nous explique le tremblement de terre de San Francisco par la collision de la plaque Pacifique avec la plaque américaine, cela ne signifie pas grand-chose, ce n'est pas une explication. C'est explicatif en tant que vision pure, mais cela ne présente aucun intérêt du point de vue de la victime de la catastrophe !

Lorsque vous disiez qu'expliquer le tremblement de terre par le choc de deux plaques, ce n'est pas une explication, je comprenais : ce qui serait une explication, ce serait dire les raisons pour lesquelles deux plaques entrent en collision. Les causes sont déjà des résultats. On n'explique qu'en reculant le problème. On est toujours renvoyé à une cause qui précède, et cette cause est toujours inexpliquée. On en arrive toujours au problème de la cause première, qui elle-même se trouve inexpliquée. Et même si l'on répond Dieu, on ne sait pas pourquoi il est là...

Aristote avait réglé le problème élégamment en disant que Dieu était justement la cause première, pour laquelle, précisément, le problème ne se posait pas. Il est éternel dans les deux sens...

Ça ne vous paraît pas un postulat un peu facile ?

Certes. Mais l'aristotélisme ne vaut pas par sa théorie du supralunaire ; il vaut mieux pour sa théorie sublunaire, à mon avis. En disant cela, je chagrinerai ceux qui s'intéressent justement à la métaphysique divine d'Aristote, la pensée de la pensée, l'acte pur, comme disent les scolastiques. Mais je crois que c'est assez périphérique dans la vision du monde d'Aristote.

Ce qu'Aristote propose, ce n'est pas seulement une explication du monde, c'est aussi une certaine justification de la situation de l'homme, et des éléments ou des références pour une conduite adaptée.

Il y a bien cet aspect-là chez Aristote. Mais j'avoue que ce n'est pas celui qui m'a intéressé. Je n'ai fait que parcourir *l'Ethique à Nicomaque* et je n'ai qu'effleuré cet aspect social de l'aristotélisme. Cela ne me passionne pas. C'est au fond un idéal de sagesse et de modération qui n'a rien de transcendant. Ce n'est pas la charité chrétienne, ni peut-être même les dévouements, les engagements politiques...

PREDIRE N'EST PAS EXPLIQUER

La philosophie comme vous l'entendez, est susceptible de vous apporter d'autres informations, d'autres éléments ?

Je dirai brutalement, pour employer un langage aristotélicien, que du point de vue du savoir, on est toujours en état de privation. On essaie de combler ce manque. Et cela conduit à une recherche qui est pratiquement sans issue. Nous marchons d'aporie en aporie.

Est-ce à dire que l'on va de cul-de-sac en cul-de-sac ? Est-ce vrai également des sciences ?

En un certain sens, oui. D'abord, la philosophie, la vraie, ce n'est pas très facile. Si vous essayez d'entrer dans le système kantien, si vous essayez de comprendre Heidegger, je suis convaincu que ce n'est pas plus facile que de faire des mathématiques supérieures. Mais on a cette illusion que c'est plus facile de parler de Heidegger que de parler du prolongement analytique ou de la transformation de Fourier. Ce n'est pas vrai : on arrivera même plus facilement à dominer un sujet de mathématiques relativement précis et concret qu'une doctrine philosophique extrêmement buissonnante et ramifiée comme celle de Heidegger.

Il faut, là aussi, faire un effort technique. On pense souvent que la philosophie ne demande pas d'effort de ce type. Je crois que c'est faux. La vraie philosophie exige beaucoup d'efforts relativement techniques. Vous ne pouvez pas comprendre Husserl si vous n'êtes pas entré réellement dans le système pendant quelques mois ou quelques années. Vous pouvez difficilement comprendre Aristote si vous n'avez pas étudié quatre ou cinq ouvrages fondamentaux du *Corpus aristotelis*, sans vous contenter de lire, mais en faisant l'effort de comprendre. Je crois qu'il est aberrant de prétendre que la philosophie est plus simple que les mathématiques. Les difficultés ne sont probablement pas exactement comparables, elles ne sont pas de même nature. Mais il faut réagir contre cette croyance erronée. Evidemment, si vous vous en tenez à l'éthique, si vous vous intéressez aux problèmes posés par les progrès de la biologie pour la société, vous pouvez intéresser tout le monde, car chacun se sent concerné. Mais les vrais problèmes, au fond, ne sont pas ceux où chacun se sent concerné. Ce sont des problèmes auxquels on accède au terme d'un long apprentissage.

Peut-on tout de même essayer de donner à comprendre, à des gens qui n'ont pas nécessairement les prérequis mathématiques ?

Je suis assez sceptique sur la possibilité de vulgariser les mathématiques. Les mathématiques, ça s'apprend, ça ne se vulgarise pas. L'idée de la théorie des catastrophes, on ne peut pas l'expliquer à qui n'a pas un rudiment de mathématiques, au niveau de la classe de mathématiques supérieures, des classes de Taupe, ou de DEUG en faculté. Ça ne suffirait d'ailleurs probablement pas. Il faudrait aller un peu au-delà. Sinon, on fait du blabla, on parle d'Héraclite, du conflit, etc.

Au fond, la vulgarisation n'a peut-être d'intérêt que pour les éditeurs, mais assez peu pour la marche de la pensée.

Cependant, et même si l'analogie peut paraître un peu cavalière, pour avoir des champions de tennis, il faut que beaucoup de gens sachent jouer au tennis. Ne peut-on penser que, pour qu'un pays ait un certain nombre de chercheurs, il faut que son opinion publique soit, dans la mesure du possible, informée au mieux de ce qui se passe dans les sciences ?

Cette théorie, qui reviendrait à l'existence d'un humus, est assez correcte jusqu'à l'époque napoléonienne : faire de la science était une activité désintéressée. On ne gagnait pas sa vie en étant savant. La Révolution française a apporté ce bénéfice douteux de faire de la science une activité sociale rémunérée par l'Etat.

Cette situation rendrait la vulgarisation moins utile ?

Je ne suis pas contre la vulgarisation, car il est utile de satisfaire la curiosité des gens. Mais je ne crois pas que l'on puisse beaucoup améliorer les périodiques comme *La recherche*, *Pour la science*. Ils sont d'un très bon niveau, et ils répondent à l'attente de gens disposant d'un niveau de connaissances assez répandu, tout de même, en France. Les choses y sont présentées de manière assez rigoureuse. Ce sont de bons organes de vulgarisation. Je n'ai guère qu'un reproche à formuler, particulièrement à *La recherche*, d'ailleurs, c'est d'être les défenseurs du lobby scientifique dont ils publient régulièrement les contributions. Une journaliste m'a un jour répondu : « Surtout : pas de polémiques ! » Il ne fallait pas exhiber sur la place publique les discussions entre scientifiques, souvent d'ailleurs des discussions de concurrence bassement commerciale, dirais-je. Un crédit donné doit être épuisé de tel côté plutôt que de tel autre. Il faut montrer que ce que fait l'autre n'est pas aussi fondamental que ce que je fais moi-même. Le gros des controverses scientifiques me semble répondre à cette motivation...

Le discret et le continu

Vous avez dit que vous aviez une véritable métaphysique du continu. Cette notion de continu sous-tend toute votre théorie des catastrophes...

Il me semble que le problème de la réalité externe est un problème très délicat. Savoir si le fond de la nature est continu ou discontinu, c'est un problème métaphysique, et je ne crois pas que quiconque dispose d'une réponse. Personnellement, je suis effectivement un continuiste, en dépit du fait que je mets l'accent sur les discontinuités phénoménologiques. Ma croyance de base est dans le caractère continu de l'univers et des phénomènes, et du substrat des phénomènes. Et, précisément, l'essence de la théorie des catastrophes c'est de ramener les discontinuités apparentes à la manifestation d'une évolution lente sous-jacente. Le problème est alors de déterminer cette évolution lente qui, elle, exige en général l'introduction de nouvelles dimensions, de nouveaux paramètres.

Ce serait donc non pas l'évolution de petits points discrets, mais bel et bien une évolution continue ?

C'est l'évolution d'un objet continu. Il faut imaginer ce que l'on appelle en mathématiques un *front d'onde*, c'est-à-dire une surface variable au cours du temps, qui peut se plier, attraper des accidents divers, se ramifier, subir quantité de transformations.

Si nous sommes faits pour percevoir les discontinuités, ce n'est ni la preuve ni la réfutation de l'existence matérielle de la discontinuité...

Dire que le continu existe n'exclut pas la possibilité d'une discontinuité opérant sur le continu. Je m'oppose seulement à une sorte de vulgate moderne qui nous vient essentiellement de l'informatique, et qui consiste à dire que tout s'exprime en bits. Prenez n'importe quel objet dans l'univers : vous pourrez toujours fabriquer une modélisation mathématique de l'objet, et le représenter par un objet mathématique de caractère algébrique. On va le décrire dans un ordinateur par un certain nombre de bits. L'informatique dispose d'un pouvoir de persuasion considérable sur l'opinion publique. Ne finit-on pas par croire que tout dans la nature peut se réduire à des bits... Prenons un exemple typique : lorsque vous regardez la télévision, vous avez l'impression que les choses sont continues. Mais si vous savez comment cela fonctionne, vous découvrez qu'il s'agit d'un nombre infini de cellules lumineuses sur l'écran, que l'on peut considérer comme des points ; ce lattis de points est balayé par un spot, qui, successivement, illumine les points. Si la conviction se répand dans le monde que tout y est comme sur un écran de télévision, on en arrive à dire que, finalement, là où nous voyons de la continuité, il n'y a en réalité que de la discrétion, des particules discrètes, et c'est tout.

Le discret serait alors lié à notre propre perception ?

Il en est souvent ainsi : le caractère discret d'une transformation est une simplification réalisée par notre appareil perceptif. Nous sommes faits pour voir essentiellement des discontinuités. Elles seules sont significatives. Pour un animal, la reconnaissance des proies est essentielle : il faut les reconnaître et les localiser. Il était donc important qu'existent dans le système nerveux des mécanismes qui permettent de reconnaître immédiatement ce qui est vivant de ce qui ne l'est pas. Parmi ces critères, effectivement, l'appréciation des discontinuités et des contours apparents des objets est essentielle. Et puis, il y a des activités, comme le langage chez l'homme, qui suppose cette discrétisation : nous discrétisons les phonèmes. Pourtant, le fond du phénomène est quelque chose de continu. Le spectre de Fourier est très compliqué. Mais on peut changer continûment à l'aide d'un synthétiseur de sons. Entre B et P, il y a une transformation continue assez simple. Mais donnez-les à écouter à quelqu'un ; il vous dira « Ceci est un B, cela est un P ». Il sentira une discontinuité totale entre ces deux sons. La transformation continue ne lui sera pas, elle, perceptible.

Cela relève de son interprétation ?

C'est ce que l'on appelle la perception catégorielle ; c'est le fait que le continu auditif est tout à coup attiré par des attracteurs, et que chaque attracteur donne une sensation spécifique, un étiquetage défini.

Le cerveau, en interprétant, va sectoriser...

C'est lui qui discrétise. Mais il ne discrétise pas tout. Il ne discrétise pas l'espace, par exemple. Nous en gardons une intuition continue. Le temps, de la même façon, nous apparaît continu.

Pourquoi, selon vous, discrétisons-nous certaines choses, tandis que nous gardons l'intuition du continu dans d'autres cas ?

Dans le cas des phonèmes, c'est assez simple : le langage étant une combinatoire discrète de phonèmes, il est important de ne pas prendre un phonème pour un autre. Il faut donc tracer une frontière nette entre les phonèmes. Maintenant que mon ouïe faiblit, je me rends compte que ce n'est pas toujours simple ! Je mélange les phonèmes, et cela nuit désagréablement à la compréhension.

Il y a bien entendu des situations où il est important de discrétiser. Il y en a d'autres où il est utile, au contraire, de garder la continuité : la capture des objets spatiaux est fondée sur la continuité. Nous avons des appareillages mobiles, dans nos muscles, dans nos articulations, qui nous permettent pratiquement, avec notre doigt, de toucher tous les points d'un domaine. Nous réalisons pratiquement le continu par la motricité. Nous le jaugeons aussi par la sensibilité innée. Pour l'espace, le système fonctionne sur une base essentiellement continue. Cela ferait certainement bondir les neurophysiologistes, mais du point de vue de la subjectivité, il ne fait aucun doute que cela fonctionne ainsi.

Vous parlez là du vécu de l'événement. Mais si l'on pense au mouvement étudié par les images de synthèse, il est clair que ces images sont par définition discrétisées, et que le mouvement est analysé image par image. C'est la persistance rétinienne qui nous donne cette impression de continuité, alors qu'en vérité nous sommes dans le monde le plus discrétisé qui soit...

Oui, et c'est un problème intéressant. On nous donne souvent cet exemple pour dire que notre intuition du continu est fausse. Un film, au cinéma, ne comporte qu'un nombre fini d'images, mais nous avons une impression de continu ; le continu serait donc une illusion. Je ne crois cependant pas que ce raisonnement tienne : après tout, l'illusion elle-même existe, elle a un statut ontologique en tant qu'illusion. Je ne vois pas comment, si le continu n'existait pas à l'extérieur, il pourrait se forger à l'intérieur.

Plus fondamentalement, je crois que la fascination de la science contemporaine pour le discret est d'origine essentiellement instrumentale. Lorsque les informaticiens veulent repérer une surface extérieure, il la décomposent en pixels : on fait un diagramme de petits carrés, chacun reçoit un signal, « oui » ou « non ». Finalement, la forme se réduit à un agrégat de carrés. C'est bien entendu une façon très barbare de représenter les formes.

Mais quand l'unité discrète est si petite...

Si l'échelle est très fine, on va rectifier mentalement et avoir l'impression du continu. Après tout, notre rétine n'a qu'un nombre fini de récepteurs, et nous avons quand même l'impression de la continuité des objets.

Si l'on défend une philosophie à la Changeux, on dit que tout est discret...

Quelle est l'autre philosophie ?

Je suis mathématicien, j'ai de ce fait l'habitude de penser l'infini. Je me borne à vous dire : si vous croyez que vous n'avez qu'un nombre fini de neurones, chaque neurone n'ayant qu'un nombre fini d'états, comment pouvez-vous penser l'infini avec une telle machine ?

Que répondez-vous à cette objection ?

Je réponds que l'hypothèse est fausse, et que nous sommes autre chose qu'un nombre fini de neurones, chaque neurone ayant un nombre fini d'états. Le continu existe aussi au niveau du cerveau.

Mais de quelle façon ? Je ne demande qu'à vous croire, mais je suis bien obligé, quand je lis les livres, de croire qu'il y a cent milliards de neurones au grand maximum dans la tête d'un homme, avec un certain nombre de connexions.

Il y en a 10^{11}, effectivement. Mais chaque neurone est composé d'un nombre considérable de molécules. Et si vous permettez à la molécule de vibrer un peu, vous êtes obligé de prendre en considération les paramètres de position de cette molécule. Vous obtenez tout de suite une dimension gigantesque, inconcevable. Et, là encore, si vous admettez que l'espace dans lequel vibre la molécule est continu, alors vous récoltez des paramètres continus. On n'échappe pas au continu.

Mais si vous raisonnez comme un neurophysiologiste banal, qui vous dit que le neurone n'a que deux états, un état excité et un état inhibé, un état de repos et un état excité, vous n'irez évidemment pas très loin. Mais tout le monde reconnaîtra que dire que le neurone n'a que deux états résulte d'une simplification extraordinaire ! Le neurone est un objet très compliqué, dont l'espace représentatif des états a certainement une dimension considérable. Les neurophysiologistes ont examiné une bestiole qui s'appelle l'aplysie. Je ne sais pas si c'est un céphalopode ou un mollusque qui vit dans les eaux du port de Marseille ou quelque part sur les rivages de la

Provence. Ils ont constaté qu'il n'y avait que six ou huit neurones dans le système nerveux de cet animal, et ils ont dit : « Enfin ! Il n'y a que six ou huit neurones ! Nous allons enfin comprendre comment fonctionne le système nerveux. » Et ils ont constaté que cet animal a un comportement aussi compliqué, je ne dirais pas qu'un homme, mais très compliqué, et on ne peut pas en rendre compte simplement par une petite combinatoire n'impliquant que six ou huit neurones susceptibles de prendre un très petit nombre d'états.

En suivant votre raisonnement, je peux comprendre que le neurone étant déjà un objet très complexe, l'assemblage de neurones va augmenter de complexité d'autant Mais ce n'est pas l'infini ! C'est effectivement une indétermination ou un nombre tout à fait considérable. Mais est-ce que des nombres très considérables vont devenir l'équivalent de l'infini ?

Certes non ! Mais le problème de savoir si l'espace des états d'un neurone, ou d'un objet quelconque, est de dimension finie ou infinie, n'est pas un problème aisé à résoudre. Comme les espaces de dimension infinie sont très désagréables à manipuler (sauf l'espace de Fourier ou de Hilbert dont tout le monde raffole), les gens préfèrent poser l'hypothèse que le système n'a qu'un nombre fini et très petit d'états, car si ce nombre est important, on ne peut pas travailler. C'est donc une hypothèse de technologie que celle de la discrétisation de l'univers. C'est la pensée technique qui l'impose, la pensée algorithmique.

Vous dites que l'infini est désagréable à manipuler... pourquoi désagréable ?

Par le fait que c'est un espace qui justement échappe à l'intuition. Dans la topologie, la dimension est en général difficile à définir, et je ne me sens pas à l'aise dans les espaces de dimension infinie. Je sais que ce sont des objets mathématiques parfaitement répertoriés, en beaucoup d'états parfaitement connus, mais je n'aime pas être dans un espace de dimension infinie.

C'est angoissant ?

Certainement.

Même pour un mathématicien ?

Non, c'est une question de formation. Certains de mes collègues ne se plaisent au contraire que dans des espaces d'analyse fonctionnelle, c'est-à-dire des espaces qui sont de dimension infinie. Ce n'est pas mon cas.

D'aporie en aporie...

Vous dites que cette discrétisation découlerait d'une approche technologique de la science. Mais n'est-ce pas une constante de la recherche scientifique que d'osciller constamment entre des accumulations de connaissances partielles et de grands bonds en avant ?

Fondamentalement, je crois que la démarche scientifique renvoie toujours à un problème central, une sorte d'aporie fondatrice. La science cherche à la résoudre, elle trouve des solutions qui, au bout d'un certain temps, apparaissent comme fondamentalement illusoires. On recommence alors, avec un petit perfectionnement, et on finit par découvrir que lui aussi est illusoire, et ainsi de suite. Le problème fondamental demeure, et avec lui, l'aporie...

Le problème est-il toujours explicitement formulé ? Ou bien est-il enfoui dans l'inconscient, comme le diraient les psychanalystes ?

Dans certains cas, les spécialistes retrouvent la question, mais en principe ils refusent de la voir directement : ils ne la perçoivent qu'au travers d'un certain équipement formel et conceptuel. C'est surtout vrai dans les sciences « dures » comme la mathématique ou la physique. Dans les sciences plus « molles », c'est probablement un peu différent.

L'aporie fondamentale, par exemple, de la biologie me semble résider dans cette incongruité du comportement de la matière vivante. Quoi qu'on dise, elle ne se comporte pas de la même façon que la matière inanimée. Bien que la doctrine officielle soit de dire : « La matière vivante doit être soumise aux mêmes lois que la matière inanimée », il n'empêche qu'elle est qualitativement différente. Alors, lorsque le dogme réductionniste affirme qu'il faut réduire la vie au mécanisme et à la chimie, on souffre implicitement de cette espèce de violence qui est faite à l'intuition immédiate ; cette violence nourrit la pratique du savant et, en même temps, son angoisse sous-jacente.

N'y a-t-il pas toujours, derrière un travail particulier, une question non formulée, éventuellement plus métaphysique, au bon sens du mot bien sûr ?

L'aporie fondatrice de chaque discipline est effectivement souvent un problème métaphysique. Ces problèmes ont d'ailleurs été répertoriés par les métaphysiciens. Lisons le tableau des apories kantiennes, ou celui des catégories d'Aristote... Il y avait autrefois un très joli livre, maintenant oublié, qui s'intitulait *Les dilemmes de la métaphysique pure* de Charles Renouvier. Ces questions sont encore de nos jours au centre de toutes les grandes disciplines, et même des sciences humaines. Evidemment, plus on va vers les disciplines périphériques, plus spécialisées, et plus l'aporie fondatrice se technicise en quelque sorte, plus elle devient un problème concret, direct, pour lequel on peut envisager des solutions.

Les sciences humaines, les sciences sociales sont-elles plus susceptibles de parler de manière explicite de ces problèmes ?

Je ne sais pas. Pour moi, par exemple, la sociologie cherche à répondre à un problème fondamental, celui de la stabilité du pouvoir et de son origine. Origine et stabilité du pouvoir politique : qu'est-ce qui produit le phénomène du pouvoir dans les sociétés humaines ? Si l'on se dirige vers une époque historique bien délimitée, ce problème va prendre une forme plus spécifique. On cherchera à comprendre pourquoi la république romaine est devenue un empire, pourquoi la monarchie française a accouché en 1789-1793 d'une république. Le problème général ne fait que se localiser, se spécifier.

Est-il facile de mener à bien cette interrogation essentiellement personnelle dans un cadre où certaines disciplines scientifiques supposent un travail plus ou moins collectif ? Ce n'est peut-être pas tellement vrai pour les mathématiques, où l'on peut mener un travail isolé, mais il existe tout de même des sociétés de mathématiciens...

Une partie du travail est personnelle et individuelle, une autre est collective : c'est la confrontation des preuves avec les autres. En mathématiques, il faut d'abord se prouver à soi-même et ensuite prouver aux autres. Lorsque l'on est très doué, on peut écrire des démonstrations complexes tout seul au départ ; ce qui exige une forme d'esprit très solide. Je crains que ce ne soit pas mon cas...

Qu'est-ce qu'une forme d'esprit non solide ?

Ce sont les gens qui sont capables de voir des choses, mais qui ne sont pas capables de les formuler de manière à les rendre plausibles ou crédibles à autrui. C'est une difficulté à transformer une conviction personnelle en une croyance sociale. La distance est immense entre la conviction personnelle et la démonstration : on peut très bien être convaincu de quelque chose et échouer à le prouver au sens technique du terme.

Il arrive souvent que l'on ait une intuition qui n'est pas tout à fait spécifiée ; on est sûr qu'elle est vraie, mais si l'on essaie de la formuler, dans un décor disons acceptable par autrui, on peut être amené à des formulations dont on n'est plus sûr, parce qu'on ne saurait plus les démontrer. C'est le problème : formuler d'abord, formaliser ensuite. Passer d'une intuition personnelle au langage des pairs !

Et la communauté scientifique n'est pas très tendre ! Elle a raison de ne pas l'être, d'ailleurs : c'est la clef du crédit que l'on porte à la science. Il faut vraiment démontrer de manière convaincante.

C'est parfois assez douloureux : lorsque M. X... fait une

conjecture qu'il n'a pas réussi à élucider complètement, et que M. Y... vient lui apporter la solution de cette conjecture, il est heureux d'avoir formulé cette conjecture, mais il souffre de ne pas l'avoir prouvée lui-même, de ne pas avoir trouvé la démonstration...

Pour en revenir à cette marche d'aporie en aporie, aviez-vous conscience, en commençant les mathématiques, que vous alliez entrer dans cette quête sans fin ?

Non, parce qu'il existe tout de même une sorte d'acquis. La mathématique, de ce point de vue, est tout de même une science qui en fournit. Vraiment, quand on a trouvé un théorème dans sa vie, on se dit que l'on participe d'une certaine forme d'immortalité, quoi qu'on fasse. Illusion, peut-être...

C'est une métaphore d'immortalité ?

Certainement, mais parmi toutes les immortalités fictives par lesquelles nous nous leurrons, c'est encore l'une des plus solides.

Est-ce pour cela que l'on devient mathématicien ?

L'expérience du mathématicien ne conduit pas à des apories. Il existe bien sûr des apories particulièrement frappantes dans ce domaine également : c'est par exemple le débat autour d'un théorème de Gödel ; c'est le fait que l'on tente de démontrer la non-contradiction de l'arithmétique, dans le cadre conceptuel le plus couramment admis en mathématiques, l'axiomatique de Zermelo-Fränkel, pour être technique... On en arrive à démontrer que la non-contradiction de l'arithmétique n'est pas démontrable. Il y a là un aspect aporétique, c'est évident. Mais on peut s'en tirer en disant : il faut peut-être changer d'axiomatique, et les choses s'arrangeront. En réalité, la plupart des esprits sont convaincus que cette aporie est là pour rester, de quelque manière qu'on s'y prenne. En somme, sous cet aspect mathématique, on finit par voir que toutes les analyses de fondement qu'on propose en mathématiques sont des analyses qui peuvent avoir un certain intérêt local, mais qui ne résoudront pas le problème philosophique de savoir d'où sortent les structures mathématiques.

En somme, la motivation pour devenir mathématicien et, surtout, pour poursuivre et s'orienter vers tel ou tel type de recherche, comment cela s'explique-t-il ? A quelle question vouliez-vous répondre en devenant mathématicien ?

Avec le recul, je pense maintenant que la mathématique donne une forme d'esprit qu'il est très difficile d'avoir sans sa pratique. Je crois que c'est sa première vertu. Elle permet de voir les choses sous un angle où, dans la pensée conceptuelle ordinaire, on ne les voit pas. C'est ainsi que je ressens son rôle essentiel. Ce n'est pas le calcul, contrairement à ce que la plupart des gens croient. La part de réalité que l'on peut vraiment bien décrire par des lois calculables est extrêmement limitée. Mais la possibilité d'abstraire les situations concrètes en des entités mathématiques, cela me semble très précieux.

Cette abstraction permettrait de trouver des systèmes de relation entre les objets, ou une combinaison de structures, où la nature épiphéno-

ménale, anecdotique, de l'objet est moins importante qu'un certain nombre de configurations qui peuvent exister ?

C'est ainsi que je sens les choses à la suite de la théorie des catastrophes. Cela est lié au fait que l'analogie n'est pas quelque chose d'arbitraire. L'analogie, la métaphore, contrairement à la vision commune qui en fait quelque chose d'approximatif, de flou, m'apparaît comme une relation stricte et que l'on peut, dans bien des cas, exprimer mathématiquement, même si cette expression mathématique en soi n'a pas d'intérêt dans le processus mental qui vous fait considérer l'analogie. Je vous ai déjà parlé de cette analogie formulée par Aristote sur le soir et la vieillesse, par rapport au jour et à la vie. La vieillesse est le soir de la vie ; le soir est la vieillesse du jour. Il y a là deux formulations dont l'une passe beaucoup mieux que l'autre ; il est intéressant de comprendre pourquoi, mais ce qui est surtout intéressant, c'est que cette analogie est, en un certain sens, parfaitement correcte.

La structure formelle de cette analogie, c'est simplement la notion de bord. Vous avez là un intervalle temporel ; cet intervalle a une fin ; on appelle « soir » ou « vieillesse » le voisinage tubulaire, si j'ose dire, du mot « fin », et la catastrophe correspondante est pour moi le pli. Il y a un régime stable et un autre instable qui se rencontrent. Or, ce qu'il y a de curieux, c'est que lorsque l'on regarde géographiquement comment se présente la distinction entre le jour et la nuit, c'est un grand cercle sur la terre. Vous avez là le soleil, et ses rayons forment un cylindre circonscrit à la terre ; le méridien de contact existe à chaque instant. La terre tourne, et ce méridien se déplace sur la terre. Mais, vu dans l'optique du rayon solaire, ce méridien de contact est justement un pli, au sens de la théorie des catastrophes. De ce point de vue, donc, la distinction jour et nuit est réellement la manifestation d'un pli. C'est un peu moins évident pour la vie et la mort.

Pour que l'analogie fonctionne, il faudrait qu'une fois mort, on puisse réapparaître...

Pour qu'elle fonctionne de manière circulaire, oui.

Dans cette approche, on fait nécessairement appel à l'intuition, à l'imagination. On pourrait peut-être tenter un rapprochement entre la création artistique et la création mathématique. Dans les deux cas, il existe une certaine tension vers un formalisme. Vous avez fait allusion aux mathématiques comme à un moyen de contrôler le désordre. La création artistique, d'une certaine manière, cherche elle aussi à mettre un peu d'ordre. Ce parallèle vous paraît-il acceptable ?

Le problème de l'esthétique est difficile. J'ai un peu écrit là-dessus, mais je dois avouer qu'avoir une théorie satisfaisante est bien difficile. Au fond de l'esthétique, il me semble qu'il y a le sacré. Qu'est-ce que le sacré ? Cela m'amène à ma *théorie des prégnances et des saillances.* L'idée initiale, c'est que, déjà dans le domaine animal, presque tout le comportement est régi par le fait qu'en présence de certaines formes perçues par l'animal, il se déclenche des réactions d'attraction et de répulsion vis-à-vis de cette forme, qu'elle soit visuelle, auditive, olfactive, etc. Dans les cas les plus rudimentaires, il y a toujours ces phénomènes d'attraction et de répulsion.

Je crois que le sacré, chez l'homme, a été caractérisé par le fait que cet axe d'attraction-répulsion peut, en un sens, revenir sur lui-même, compactifié par un point à l'infini. Ce point à l'infini, c'est précisément le sacré. Autrement dit, le sacré se réalise à chaque fois que nous sommes en présence d'une forme qui nous paraît revêtue d'un pouvoir infini, qui est fait à la fois d'attraction et de répulsion. Comme ces deux infinis se compensent, on est immobilisé par rapport à cette forme, on est fasciné par elle et l'on ne bouge plus. A partir de cette situation extrême que l'on ne peut pas supporter très longtemps, il apparaît des sortes d'accomodements, des adoucissements de cette paralysie par le sacré. Cela joue sur deux axes : il y a l'attraction et la répulsion, il y a la source du sacré et l'individu, le sujet humain. Il peut alors se réintroduire une certaine interaction entre le sujet et la forme, source du sacré. Cela peut se faire de deux manières différentes : ou bien c'est la forme qui agit, ou bien c'est le sujet. Si c'est le sujet qui agit sur la forme source, on est dans le domaine de la pragmatique. Si c'est au contraire la forme qui agit sur le sujet, on est alors plutôt dans le domaine de l'affectif. Et cet affectif se décompose en attractif et en répulsif. Je vois cette espèce de déploiement du sacré dans un plan où l'on se déploie en se servant de deux axes : le premier va du pragmatique à l'affectif, ou encore du pragmatique au purement esthétique ou purement subjectif, le sentiment subjectif sans réaction ; le second serait le plan attraction-répulsion. Le plan qui déploie l'action est sous-tendu par efficacité-inefficacité. Il y a un autre plan de déploiement qui est le caractère attractif-répulsif. Nous avons alors des objets efficaces-attractifs (c'est le cas des aliments, sous leur forme biologique la plus pure). Par opposition, il y a ceux qui sont inutiles et répulsifs : l'excrément. D'autre part, il y a l'efficacité répulsive et l'inefficacité attractive.

Je pense que l'art est essentiellement le déploiement du

côté de l'inefficacité attractive. L'objet d'art en lui-même n'est pas efficace, mais il réalise un certain plaisir de la sensation : il réalise une certaine attraction.

L'efficacité répulsive, c'est au contraire le déploiement du côté de la science et de la magie.

J'en reviens à ma question : le fait que pour composer un objet artistique on soit amené à faire de l'ordre avec du désordre, à formaliser, et par conséquent à faire appel à des systèmes à la fois de détection et de composition, cela n'a-t-il pas un caractère d'homologie avec la démarche du mathématicien ?

En un sens, je crois que l'art va beaucoup plus loin que la démarche du mathématicien. Cette dernière est assez strictement contrôlée. Elle est socialement contrôlée. La démarche de l'artiste, elle, n'échappe pas à un certain contrôle social, mais l'objet d'art n'est guère susceptible d'un critère objectif, ni même d'un critère sociologique valable. Il ne me paraît pas saugrenu de penser qu'il existe dans des greniers des œuvres valables que personne ne connaît. Tandis que je ne crois pas qu'il existe dans la nature des êtres farfelus qui pensent dans leur coin sans chercher à publier, et qu'il puisse exister des résultats de mathématiques qui pourraient révolutionner la science existante. La différence me semble assez fondamentale.

Mais enfin, ce ne sont là que des réflexions.

Qualitatif-quantitatif, Continu et discontinu : la matière et la pensée...

Lorsque vous m'avez parlé de la théorie des catastrophes, vous avez insisté sur sa nature éminemment qualitative : elle ne répond pas à certains critères quantitatifs souvent exigés. Elle a des vertus explicatives, avez-vous dit, mais elle n'est absolument pas prédictive. J'aimerais que vous précisiez ces notions de qualitatif-quantitatif. Ainsi, vous donnez l'exemple de l'agressivité du chien, mais vous ajoutez aussitôt qu'il n'est pas question de donner une mesure de cette agressivité. Certes. Mais si l'on ne peut pas donner une mesure strictement exacte, ne peut-on quand même instaurer, comme on le fait quelquefois en psychologie dite expérimentale, des niveaux qui permettent de classer une agressivité ? N'est-ce pas un début de quantification ? Où est la frontière entre qualitatif et quantitatif ?

Je reviens toujours à ma citation de Rutherford : « Qualitative is nothing but poor quantitative ». Je suis bien entendu parfaitement convaincu que le qualitatif est bien plus que du quantitatif médiocre. Toute la topologie est à verser au chapitre des exemples de cette conviction. En quoi une sphère est-elle différente d'une boule ? Ce n'est pas vraiment quantitatif. En quoi le cercle est-il différent d'un disque ? Ce n'est pas une question de quantité, c'est un problème de qualité.

Le topologique, c'est essentiellement du qualitatif, pas du quantitatif. Ainsi, dans le domaine des mathématiques, nous avons des structures qui sont intéressantes, et qui ne sont pas quantitatives. Il y a cependant dans ce que dit Rutherford un aspect intéressant. On ne peut pas d'emblée affirmer que c'est grotesque. C'est certainement insuffisant.

Posons la question autrement : en empruntant à la formulation de la catastrophe, peut-on éventuellement dire qu'il y a un bord qui sépare le qualitatif du quantitatif ? Ou avons-nous affaire à des entités de natures si différentes qu'on ne peut envisager ni continuité ni contiguïté ?

Il y a quelque chose comme un bord. Une source commune : le continu. Pour moi, c'est le continu géométrique, le continu topologique, sous-jacent à la fois au qualitatif et au quantitatif. Mais la distinction entre les deux réapparaît presque aussitôt : quand un objet est connexe (quand il y a deux points dans cet objet, qu'on peut les joindre, que l'on peut bouger un point continûment et le faire entrer dans l'autre sans sortir de l'objet), la connexité de cet objet, c'est une notion qualitative. Mais dès qu'un objet n'est pas connexe, c'est qu'il est en plusieurs morceaux, plusieurs composants connexes ; on peut alors les compter. Le caractère connexe a, à ce moment-là, cette particularité qu'il tient à la fois du quantitatif et du qualitatif. Intrinsèquement, il tient du qualitatif ; mais dès que l'on refuse la qualité de connexe à un espace ou à un objet, il engendre automatiquement du quantitatif. Cette distinction est au fond très délicate. Le continu est en quelque sorte le substrat universel de la pensée, et de la pensée mathématique en particulier. Mais on ne peut rien penser de manière effective sans avoir quelque chose comme du discret dans ce déroulement continu des processus mentaux : il y a des mots, il y a des phrases, etc. Le *logos*, le discours, c'est toujours du discret ; ce sont des mots entrant dans une certaine succession, mais des mots discrets. Et le discret appelle immédiatement le quantitatif. Il y a des points : on les compte ; il y a des mots dans une phrase : on peut les classer qualitativement par la fonction grammaticale qu'ils occupent dans la phrase, mais il n'empêche qu'il y a une incontestable multiplicité.

La réponse n'est peut-être pas pleinement satisfaisante, mais je ne crois pas que l'on puisse aller plus loin.

Pour moi, l'aporie fondamentale de la mathématique est bien dans l'opposition discret-continu. Et cette aporie domine en même temps toute la pensée.

Vous m'avez dit que, dans le cours de l'élaboration de la théorie des catastrophes, vous avez tenté de ramener les discontinuités apparentes à un continu sous-jacent.
Il y a un siècle, une querelle a eu lieu à propos du système nerveux central : est-ce du continu ou du discontinu ? On sait tout de même qu'il y a du discontinu dans nos perceptions, personne ne peut le discuter ; la question a été anatomiquement résolue : Santiago Ramon y Cajal avait raison. Les neurones sont contigus. Peut-être cela ne change-t-il rien pour le psychisme humain. Mais, en revanche, comment vous situez-vous relativement à cela ?

Pour commencer, je ne suis pas d'accord lorsque vous dites que nous savons que nos perceptions sont discontinues. Quand je vous vois, je vous vois de manière continue !

J'enlève « perception ». Je veux dire sensation : les capteurs sensoriels fonctionnent de manière discontinue.

Là, vous introduisez le savoir d'un neurophysiologiste. J'en reste, pour ma part, au savoir que je tire de mon intuition première. De quel droit déclarez-vous que le savant neurophysiologiste a un savoir plus pertinent que ma propre impression ? Je refuse cet argument.

PREDIRE N'EST PAS EXPLIQUER

Des choses sont pourtant acquises. Vous avez, il y a quelque temps, pris l'exemple du cinéma : des images se succèdent, et grâce à une petite astuce, un obturateur, et à la persistance rétinienne, j'ai le vécu du continu. Mais si j'essaie de comprendre comment les choses fonctionnent, j'ai l'intuition d'un continu sur lequel se déroulent des événements plus ou moins discrétisés. Jusqu'où puis-je croire au discontinu et au rapport entre le discret et entre le continu ?

Pour ma part, je conçois plus facilement l'idée de fabriquer du discret à partir du continu que du continu à partir du discret. Je sais bien que la théorie mathématique standard, c'est ce que l'on appelle la définition du nombre par Dedekind, par les coupures. Cela permet théoriquement de construire le continu à partir de l'arithmétique, c'est-à-dire à partir du discontinu. Mais cette opération est en réalité hautement non constructive. Elle consiste à dire : le réel se construit en prenant des nombres rationnels, en les faisant de plus en plus près l'un de l'autre, et puis, quand on prend une coupure, c'est-à-dire un système de deux classes, tel que tout rationnel de la première classe soit plus petit que tout rationnel de la seconde, et si l'on accepte que la différence entre les deux puisse approcher le zéro, alors on définit un nombre réel. C'est le mode classique de construction du gruyère : on prend des trous et l'on met le fromage autour. Mais il y a très peu de fromage et beaucoup de trous ! Et il finit même par ne plus y avoir de fromage du tout ; il ne reste que des trous ! Comment, avec seulement des trous, pouvez-vous fabriquer une pâte homogène continue ? J'avoue que cela me dépasse...

L'origine de la pensée scientifique, on la trouve dans les apories de Zénon d'Elée : l'histoire d'Achille et de la tortue. Il y a là l'opposition cruciale entre discontinu et continu.

PREDIRE N'EST PAS EXPLIQUER

La science nous amène à penser d'une certaine manière : les images de synthèse deviennent tout à fait satisfaisantes à partir du moment où elles sont fondées sur des « points », des pixels, pratiquement imperceptibles en tant que points. La physique quantique parle aussi de ce petit quantum minimal, qui est à la fois quantum d'espace, d'énergie, etc. Ce sont les plus petites unités, les plus petites quantités que l'on puisse concevoir, même théoriquement. La physique quantique plaide-t-elle pour un univers discontinu ? Je ne sais pas, mais elle en parle en ces termes.

Prenons un exemple pour bien comprendre. Personnellement, je sens la mécanique quantique comme une ficelle enroulée autour d'un tambour. Si vous aviez une ficelle d'une longueur infinie, vous pourriez théoriquement l'enrouler un nombre indéfini de fois autour du tambour. Un tour du tambour, c'est le quantum. Je reconnais qu'il s'agit là d'une métaphore, mais c'est ainsi que j'imagine la transition quantique. Car on ne sait pas : on aimerait voir, que cela se passe quelque part... L'énigme, c'est que l'effet quantique, la transition quantique, un électron d'un atome qui saute d'un niveau à l'autre, cela affecte théoriquement tout l'espace, pas seulement l'espace local mais tout le système planétaire, jusqu'aux plus lointaines galaxies. C'est incompréhensible.

Vous pensez que la notion de quantum n'est pas un concept opératoire ?

Oh si ! Il est hautement opératoire, mais il est inintelligible. Songez à la notion de photon mou... Quand *nu* est très grand, dans la haute fréquence, le photon a beaucoup d'énergie, et il a alors tendance à être particulaire ; on peut le localiser ; on peut voir sa trajectoire, parce que, à ce moment-là, on dit qu'il y a superposition des ébranlements ; on peut donc avoir un grain d'énergie qui se localise quelque part. Si, au contraire, on fait tendre *nu* vers zéro, alors, par l'effet du principe de Heisenberg, le photon ne peut plus être localisé : il s'étend en quelque sorte dans tout l'espace, et en même temps, ses manifestations physiques deviennent de plus en plus difficiles à saisir, parce qu'il y a très peu d'énergie dans chaque point. Théoriquement, lorsque *nu* est égal à zéro, il s'étend dans tout l'espace et son énergie locale est nulle. Un photon mou, donc, c'est au fond un objet qui a très peu d'énergie, et on devrait pouvoir dire qu'il ne signifie pas grand-chose, puisqu'il a très peu d'énergie : on doit pouvoir le négliger. En fait, il s'étend sur tout l'espace. C'est paradoxal : un objet énorme du point de vue spatial qui peut en même temps avoir une énergie quasi nulle ; c'est scandaleux pour l'esprit !

Je trouve cela au contraire très satisfaisant. J'arrive bien à me l'imaginer. Une grande quantité d'énergie sur un point devient presque un fait matériel. Cette dilution progressive fait disparaître la matérialité de l'objet, et il se dilue effectivement dans l'espace.

Mais alors vous introduisez quelque chose comme une pensée qualitative, une espèce de continu sous-jacent. C'est d'ailleurs ainsi que se définit le *psi* de la mécanique quantique : la valeur de *psi*, sa longueur, c'est la capacité de détecter l'objet. Effectivement, quand *psi*, une somme de *psi* carré est toujours égale à 1, et lorsque l'on s'étend sur toute la longueur de l'axe, en chaque point, il ne reste plus grand-chose à récolter...

On peut dire que l'on est alors dans la perception d'une certaine idée du continu, avec la possibilité de définir, de repérer un certain nombre de phases intermédiaires qui pourraient être l'équivalent des plis et des catastrophes dans votre langage

Je suis convaincu qu'il y a une dynamique continue, infra-particulaire, sous-jacente à la mécanique quantique. Prenez l'expérience des trous de Young : vous avez une source lumineuse, et le rayonnement passe à travers deux trous, et puis, sur un écran, on voit les interférences. Cela se produit, même si, comme on dit, c'est photon par photon, c'est-à-dire si le rayonnement est discontinu. C'est ce que l'on dit. Il faut alors s'imaginer le rayonnement comme un processus continu affectant tout l'espace, qui se cristallise dans des trous, dans une certaine mesure, et cela se remélange ensuite. Par le souvenir qu'il a gardé des perturbations qu'il a subies, il ne pourra avoir d'effet que là où les franges sont lumineuses ; il n'en aura pas là où les franges sont obscures. C'est évidemment difficile à concevoir, mais ce n'est pas monstrueux en soi.

Quand doit-on discrétiser ? Est-ce que c'est pour comprendre ? Et quand doit-on préserver cette perception de la continuité ? Est-ce que pour sentir, pour pressentir, on a besoin de la trame continue, et pour répertorier, comprendre, classer, on a besoin de discrétiser ?
Finalement, vous-même, vous pratiquez cette alternance permanente entre une attitude qui discrétise et une pensée qui resitue dans un cadre continu.

Bien sûr. Je ne sais plus quel mathématicien, au XIXe siècle, a dit que la mathématique reflétait ces deux besoins irrépressibles du cerveau humain : le besoin de voir, et nous ne pouvons voir que l'étendue continue ; et le besoin de comprendre, et nous ne pouvons comprendre que le fini, et donc le discret.

Cela ressemble aux relations d'incertitude d'Heisenberg : on ne peut pas avoir les deux à la fois.

Certainement. Si l'on voit, on ne comprend plus. Encore que l'on puisse pratiquer le principe d'Heisenberg. On le pratique, mais on ne le comprend pas. Les physiciens, à force de le pratiquer, finissent par acquérir une certaine flexibilité.

La mécanique quantique est incontestablement le scandale intellectuel du siècle !

Comment entendez-vous scandale ?

C'est que la science a renoncé à l'intelligibilité du monde ; elle y a réellement renoncé ! C'est quelque chose qui s'impose et qui n'est pas intelligible.

La pensée et la matière

Il semble décidément que vous vous situez bien sur une ligne de crête entre matérialisme et spiritualisme.

Je pense en effet que le fameux dilemme entre Platon et Aristote existe encore, bien entendu, mais à bien des égards, on peut envisager d'essayer de le résorber, au moins partiellement.

Quelle serait votre position ?

Je dirais que, d'une part, si je me place d'un point de vue idéaliste et spiritualiste, il n'y a d'existence que d'objets de pensée. C'est d'ailleurs ce à quoi, au fond, aboutit le matérialisme, lorsqu'on le regarde d'une certaine manière.

De quelle manière ?

La matière elle-même est un objet de pensée. En dernière analyse, je pense effectivement que toute existence est un objet de pensée. Je devrais plutôt choisir de dire : en première analyse.

Mais d'un autre côté, nous avons parfaitement conscience de la réalité du monde qui nous entoure. En ce qui concerne les contraintes matérielles pesant sur l'apparition de la pensée, il n'y a aucun doute qu'elles existent. C'est ce que j'appelle l'argument matraque. Le matérialisme a un argument de ce type : si je me précipite sur vous avec une matraque et que je frappe sur votre crâne, vous ne penserez plus ! Cet argument a une certaine valeur, il ne faut pas se le dissimuler. Mais en même temps, pour quelqu'un qui tient aux formes, comme moi, je pense que l'argument-matraque peut être interprété par un platonicien également : si la matraque m'empêche de penser, c'est parce que la matraque détruit la forme de mon cerveau ; or cette forme est nécessaire en un certain sens à la réalisation de ces formes spirituelles que sont les idées.

Qu'est-ce qui préexiste à quoi ?

Oui : qu'est-ce qui est antérieur, ontologiquement antérieur ? Je pense que le problème du caractère antérieur et primitif d'un mode d'existence par rapport à l'autre n'est pas fondamental. Et je le pense d'autant plus que ce que l'on appelle la matière, au fond, est une entité difficilement définie ; lorsque l'on regarde très finement la matière, c'est entendu : on voit d'abord les détails de la texture, puis on découvre les molécules, les atomes. On va ensuite chercher les particules. Finalement, plus on analyse finement la matière, plus elle se résorbe en une sorte de brouillard. De sorte que si l'on place la vertu du matérialisme dans la primauté de la matière, c'est-à-dire, au fond, dans la primauté du mode d'existence scientifique des choses, on risque de se retrouver dans le brouillard en question. Le vrai problème, tel que je le sens, c'est plutôt celui-là. Lorsque l'on discute de l'antériorité ontologique de l'esprit et de la matière, est-ce qu'il ne faudrait pas plutôt discuter de l'antériorité ontologique relative, de ce que j'appellerais l'existence *naïve* et l'existence *scientifique* ? L'existence naïve existe bien au niveau de la réalité usuelle. Nous sommes des objets, nous parlons, nous avons une conscience très nette que nous sommes dans un univers existant, que nous existons l'un et l'autre, et que c'est une forme, disons, assez primitive de l'existence. Vient ensuite la science qui vient nous dire : non, en réalité, ce bureau est fait d'atomes liés par des relations et par du vide. Et là où nous croyons que c'est plein, ce n'est pas du tout plein, c'est parfaitement creux, il y a très peu de choses. Faut-il croire alors que la réalité, telle que nous la dépeint la science, est plus fondamentale que celle que nous vivons au niveau usuel ? Et cette dernière contient les deux ingrédients : la solidité de la matière et, d'autre part, l'évidence immédiate du psychisme. C'est plutôt sur ce plan que je ressens les choses. Je suis tenté de dire que, pour moi, c'est la réalité naïve qui est ontologiquement antérieure à la réalité scientifique. Celle-ci est toujours construite, et son existence vaut ce que valent les constructions scientifiques : des choses éminemment révisables et temporaires. Tandis que la réalité immédiate, on a toutes raisons de penser que la conception que nous avons d'un arbre ou d'une pierre n'est pas tellement différente de celle qu'en avaient nos ancêtres du paléolithique.

Il s'agit là plutôt d'une connaisance sensible que d'une capacité d'expliquer les choses fondamentalement.

Qu'est-ce que vous appelez : expliquer fondamentalement ? Il se trouve que, au niveau de cette réalité naïve, de la vie de tous les jours, nous disposons d'un instrument qui nous permet d'arriver réellement à pas mal d'explications : le langage. Le langage usuel est un moyen de représenter les choses doté d'une capacité de description et d'explication considérable. Et les phénomènes que la science prétend expliquer sont en fait des phénomènes difficilement appréhensibles dans la vie de tous les jours. Il est tout à fait exceptionnel qu'un théorème scientifique puisse être vérifié directement. Du temps d'Archimède, chacun pouvait, dans son bain, vérifier la validité de son principe. Maintenant, nous n'en sommes plus au point où l'on peut procéder à cette vérification par l'expérience immédiate, voire par une réflexion élaborée sur une expérience un peu riche. Tout va beaucoup trop loin, tout est beaucoup trop raffiné. Et je pense que cette élaboration conduit tout de même à un certain éloignement du monde tel que nous le connaissons immédiatement. C'est certainement grave !

3
SUR LA SCIENCE...

Vous avez parlé de la nécessité devant laquelle vous vous êtes trouvé placé de vous consacrer à l'épistémologie, pour répondre aux critiques qui vous étaient faites concernant la théorie des catastrophes. En quoi aviez-vous besoin de l'épistémologie ?

C'est que j'ai effectivement été soumis à des critiques qui se situaient sur le terrain épistémologique. Je me suis un peu consacré à la philosophie des sciences avant de m'engager dans la philosophie plus générale dont nous venons de parler.

Je suis parti en quelque sorte de la validité de la théorie des catastrophes, et j'en suis venu à m'intéresser à la position de la science en général, à ce que l'on peut en attendre du point de vue de la connaissance. C'est là que j'ai commencé à développer des positions critiques envers la méthode dite expérimentale et la croyance assez naïve que l'on a en général dans les vertus de l'expérience qui nous conduirait à des progrès. Je crois que l'expérimentation par elle-même ne peut guère conduire à des progrès. Je l'ai déjà dit. Je vous ai dit également qu'elle ne peut permettre de contrôler que si l'on a une théorie, donc si l'on dispose d'outils d'extrapolation, nécessaires à la prédiction. Or, je me heurte à une sorte de mur : dans une science comme la biologie, par exemple, les gens refusent la nécessité de l'imaginaire en théorie. La théorisation, pour moi, est liée à la possibilité de plonger le réel dans un virtuel imaginaire, doté de propriétés génératives, qui permettent de faire des prévisions.

Est-ce aussi valable pour les mathématiques ?

On peut dire que les mathématiques sont imaginaires par essence... Surtout si l'on a le point de vue matérialiste de M. Changeux. Vous connaissez le livre qu'il a fait paraître il y a quelques mois, *Matière à pensée* ?

Les entretiens avec Alain Connes ?

Ce débat ne me paraît pas aller très loin, parce que les arguments présentés de part et d'autre sont tous les deux du ressort de la foi. C'est le choc de deux certitudes. J'ai évidemment beaucoup plus de sympathie pour la position de Connes que pour celle de Changeux. Mais pour l'essentiel, ce débat ne m'apporte pas grand-chose.

Plus de sympathie, parce que Connes est mathématicien, ou parce que vous avez, en quelque sorte, des présupposés idéologiques de même nature ?

Il est certain que je suis resté mathématicien dans une large mesure. J'ai donc plus de sympathie... codisciplinaire avec Alain Connes qu'avec Changeux. Je pense par ailleurs que le point de vue étroitement matérialiste de Changeux ne mène pas très loin. Je suis de ceux qui pensent que, même en science, l'introspection et l'expérience mentale jouent un rôle important. Tous les grands progrès théoriques, à mon avis, proviennent de la capacité des inventeurs à se « mettre dans la peau des choses », pour pouvoir s'identifier par empathie à n'importe quelle entité du monde extérieur. Et cette espèce d'identification transforme un phénomène objectif en une sorte d'expérience concrète et mentale.

Vous avez des souvenirs personnels de cette plongée introspective ?

Je ne suis pas physicien. En mathématiques, ce n'est pas la même chose : on est dans la situation des méthodes, des outils mathématiques, exactement comme devant des outils matériels. On se sert d'un moyen formel exactement comme on se sert d'une paire de ciseaux pour couper une feuille de papier. C'est du même ordre. Il y a une sorte d'intuition spatiale qui joue dans les deux cas. C'est cette espèce de continu universel qui sert à envelopper d'une part la formalisation, et d'autre part l'appareillage spatial habituel. C'est à mon avis sur ce terrain que l'on parvient à faire la jonction entre les deux modes de connaissance, celle que l'on dit objective et celle que j'appellerais intuitive, introspective.

De nouveau sur le rapport qualitatif-quantitatif

A propos de méthode, de conception du travail de recherche scientifique : sur les rapports entre le rigoureux et l'approché, est-ce que la physique, ou les modèles quantitatifs avec la formule qui marche bien, serait du rigoureux, alors que la méthode que vous préconisez, serait de l'approché ?

Les physiciens diraient cela. Cela nous renvoie une fois encore à la formule de Rutherford dont je vous ai parlé : « Qualitative is nothing but poor quantitative ». Il est tout à fait de votre avis : le qualitatif, c'est du mauvais quantitatif. Je vous ai déjà répondu qu'il y a un aspect topologique dans le qualitatif. La topologie traite de la configuration de formes qui n'ont rien à faire avec la maîtrise de l'espace, en principe. Une analyse topologique d'une situation a un contenu qualitatif qui n'est pas quantitatif. Il y a, en ce sens, un contenu qualitatif et non quantitatif dans la théorie des catastrophes.

Un physicien pourrait penser de cette façon-là, disiez-vous. Pour en revenir à l'épistémologie, j'ai pu remarquer dans différents colloques qu'il existait une rivalité, voire un certain antagonisme entre la position des physiciens, la manière dont ils s'expriment, et celle des mathématiciens. Alain Connes, dont nous parlions à l'instant, fait une remarque de ce genre à J.-P. Changeux : les concepts mathématiques précèdent souvent de loin y compris la théorie physique, apparaissent avant que le phénomène physique soit identifié.

Vous posez là un problème général : c'est celui de l'observation. Peut-on, dans un paysage de phénomènes, reconnaître un objet ou une chose si l'on n'en a pas préalablement le concept ? C'est aussi simple que cela. Si l'on n'a pas le concept d'un objet, on ne le reconnaîtra pas. Ou bien, on se limitera à des remarques : là, il y a une vague, ici, une petite vallée, une petite fente, un trou. Mais ce sont des accidents presque topologiques. Ce n'est pas quantitatif. La possibilité de reconnaître un être en général, une entité dans un paysage empirique, c'est toujours à mon avis subordonné à une conceptualisation.

J'ai cru entendre des mathématiciens aller plus loin que cela : certains disent que l'instrument mathématique était déjà là, préalablement au besoin que la physique peut en avoir. Les métaphores qui vous font parler d'objets mathématiques, tandis que d'autres parlent d'êtres mathématiques, ne sont certainement pas sans signification.

Je le répète, il me semble que l'on ne peut observer que ce dont on a préalablement le concept. Cependant, les expérimentalistes peuvent arguer du fait que, partant d'un système de concepts existants, l'observation ou l'expérimentation peuvent apporter des modifications de ce système de concept, et l'obliger en quelque sorte à bifurquer dans d'autres directions, permettant ainsi la création de nouveaux concepts. C'est parfaitement défendable. Et l'on trouverait sûrement des exemples.

Mais si l'on regarde la naissance des grandes théories scientifiques, on peut dire que l'imagination, la construction conceptuelle, ont en général précédé les données de l'expérience. La plupart des gens croient régler le problème en affirmant brutalement que c'est le dialogue de la pensée et de l'expérience qui fait le progrès. La métaphore du dialogue est belle, mais il faudrait essayer de savoir comment il se déroule.

PREDIRE N'EST PAS EXPLIQUER

Je crois que le gros des concepts mathématiques est d'origine endogène. Je ne crois guère à la possibilité d'une origine expérimentale d'un concept mathématique, d'un principe suggéré par l'expérience. Il y a bien la transformation de Fourier, mais elle est issue de la nécessité de quantifier quelque chose qui existait bien avant : les instruments de musique. Et il s'agit toujours de vibrateurs, qui émettent des sons, lesquels ont un spectre. Il faut comprendre comment s'organise ce spectre. En ce sens, cette théorie est fondamentalement issue de l'étude des phénomènes vibratoires, c'est-à-dire des instruments de musique. Qu'est-ce qui a créé la musique ? Probablement pas les mathématiques. Mais la mélodie et l'harmonie ont vraiment été l'une des grandes sciences de l'Antiquité grecque ; le fait que l'on pouvait associer les accords à des rapports relativement simples de longueurs de cordes a joué un rôle.

Vous pensez donc que les mathématiques ont une nature plutôt endogène, c'est-à-dire qu'elles évoluent par elles-mêmes, que les concepts s'enchaînent les uns les autres, s'enrichissent, font des progrès. La mathématique s'invente...

Je dirais plutôt qu'elle s'engendre par une espèce de dialectique interne qui ne vient à la surface que très progressivement. Parce qu'il faut des millénaires pour qu'un concept mathématique acquière réellement toute sa richesse. Certains épistémologues prétendent que le concept de fonction n'existait pas chez les Anciens ; d'autres affirment le contraire : dans la Grèce antique, il y a bien eu la loi des leviers énoncée par Archimède. Une loi, fausse, de mécanique a été proposée par Aristote. Il est cependant probable qu'il n'existait pas un concept de fonction. Il est appàru essentiellement aux XVIIe et XVIIIe siècles, lorsque l'on a commencé à fabriquer des polynomes en algèbre, puis qu'avec ces polynomes, on a construit des fonctions plus générales. Mais le concept de fonction n'a été défini avec précision et de manière stricte que par Leibnitz en 1695, semble-t-il. Et alors, quel prodigieux instrument pour exprimer le déterminisme des lois scientifiques ! Avant l'apparition de ce concept, il était pratiquement impossible de définir ce qu'est le déterminisme.

La physique a monté en marche ?

Certainement. Autrement dit, les progrès scientifiques sont toujours subordonnés à la possibilité d'un instrument mental qui permette d'exprimer les correspondances, les régularités des choses.

Une question me vient à l'esprit : y a-t-il des limites à la découverte mathématique ? C'est peut-être une question quelque peu métaphysique, mais, en d'autres termes, le nombre des concepts est-il fini ou infini ?

Il suffit de considérer les transfinis de Cantor pour savoir que le nombre des concepts est infini et même d'une infinité effrayante ! Mais le problème est que ces transfinis de Cantor sont des objets qui n'ont aucun intérêt mathématique. Mon confrère Dieudonné insiste beaucoup sur ce point : c'est un objet qui a fasciné à la fin du XIXe siècle. On se rend compte finalement aujourd'hui que ce sont des êtres tout à fait inaccessibles. C'est une sorte de délire. On a fabriqué des êtres, fruits d'une imagination délirante. Mais cela peut exister ; il peut y avoir des mathématiques pratiquement sans contenu, des mathématiques vides. Il y en a d'autres pleinement significatives !

Qu'est-ce que des mathématiques vides ? Ce sont des mathématiques qui ne trouveront jamais d'application ? Tandis que celles qui sont significatives pourraient éventuellement croiser une science expérimentale ?

Il y a certainement un peu de cela. Ce sont des mathématiques qui ont été construites par simple extrapolation, due à la générativité interne d'une structure. Si je prends tous les entiers, 1, 2, 3, 4, etc., l'addition + 1 ne s'arrête nulle part. Je vais donc à l'infini. Quel est le statut ontologique d'un entier très grand, si grand qu'on ne peut le réaliser physiquement ? On a beaucoup reproché à Benveniste sa théorie sur l'eau. Il prétendait que l'eau avait une mémoire, alors que l'on avait dilué la substance à 10^{110} fois. L'argumentation disait : si l'on prend toutes les particules contenues dans un univers connu, on n'atteint pas ce nombre. On atteint peut-être 10^{70} ou quelque chose d'approchant, mais pas ce nombre. On a donc réalisé une opération que l'on ne pourrait même pas réaliser dans tout l'univers. Je ne sais pas ce que vaut ce genre d'argument, mais il est certain que le nombre très grand donne toujours un peu le vertige.

Quel que soit le caractère virtuel de l'abondance mathématique, sa relation à un réel matérialisé même plus ou moins floue, plus ou moins lointain, est toujours tout de même derrière ?

Oui, mais je pense qu'il y a quelque chose comme un tronc commun des mathématiques, que l'on est obligé d'apprendre si l'on veut pratiquer les mathématiques. Ce tronc commun est constitué justement de la partie des mathématiques qui a servi à construire les lois physiques, à donner les moyens de représenter ce qui peut l'être mathématiquement dans le monde.

Sur la nature des êtres mathématiques...

Vous parlez souvent d'« êtres mathématiques »...

On pourrait envisager des structures ou des systèmes d'association du type de ce que l'on appelait autrefois les catégories. Il y avait les catégories aristotéliciennes, les catégories kantiennes, etc. C'est un peu dans le même esprit qu'il y a, je crois, en mathématiques, des entités fondamentales qui, en un certain sens, peuvent se déployer en des structures mathématiques. Le statut de ces objets est évidemment quelque chose de très difficile à expliciter parce que l'on hésite entre une situation que l'on dirait purement psychique (tout cela est dans nos cerveaux, dans nos synapses, et s'ils n'existaient pas, ces entités n'existeraient pas) et une autre qui relèverait de la réalité objective. Je pense personnellement que c'est une vision erronée et qu'il faut donner à ces entités une existence qui est peut-être déduite par abstraction des objets concrets, mais que, néanmoins, elles ont une telle ubiquité qu'on est obligé de reconnaître qu'elles sont présentes en quelque sorte partout dans le réel.

Certains de vos collègues n'hésitent pas à dire que ces entités mathématiques peuvent même préexister à l'expérience physique par exemple, et que c'est la physique qui se sert éventuellement de ces concepts. Vous dites d'ailleurs des choses assez semblables.

C'est certain. Je crois personnellement que l'expérience mentale, dans bien des cas, peut aller beaucoup plus loin que l'expérimentation au sens technique du terme. La meilleure preuve en est d'ailleurs que les idées fondamentales que nous avons sur la matière ne diffèrent guère de celles qu'ont proposées les présocratiques il y a 2 500 ans. Nous allons beaucoup plus loin parce que nous avons les mathématiques. Si nos conceptions de l'espace diffèrent de celles de l'Antiquité, c'est uniquement parce que nous avons les mathématiques, donc des structures elles-mêmes prétendument psychiques.

Il s'agirait donc là d'une sorte d'élaboration progressive, car il y a une certaine continuité depuis les conceptions mathématiques des anciens Grecs jusqu'à nos jours. Il s'est développé un certain nombre de choses qui ont enrichi les concepts, en quelque sorte.

Je sens les choses de manière un peu différente, en ce sens que, même si l'on acceptait un point de vue strictement matérialiste, en disant que les structures mathématiques sont simplement le résidu des acquis de nos activités cérébrales, il n'en resterait pas moins que nos activités cérébrales n'ont pas toujours existé. Elles ont été créées par un organisme qui s'est formé, et s'il s'est formé, ce n'est pas seulement à cause d'un codage moléculaire, comme le pensent les biologistes. Il y a constamment des lois de caractère physique en jeu dans la morphogénèse biologique, et en particulier dans celle du cerveau. Ces lois, elles sont exprimables de manière abstraite ; dans la mesure où l'on peut réellement les dominer, où l'on peut les formuler, c'est qu'elles sont exprimables de manière abstraite. En réalité, donc, on n'échappe pas à la nécessité de considérer des entités abstraites dans l'organisation de la réalité.

Les idées platoniciennes existent dans un univers virtuel : est-ce que l'on pourrait considérer que les entités mathématiques seraient d'une nature comparable ?

Les idées mathématiques sont produites dans notre cerveau dans la mesure où nous les pensons. Mais comme elles existent lorsque nous ne les pensons pas, alors elles existent quelque part, et pas seulement dans notre mémoire : elles existent, je dirais, également ailleurs ; elles sont à l'œuvre dans un très grand nombre de situations concrètes.

Elles existent donc déjà avant même qu'on ne les ait découvertes ?

Certainement ! Et elles se réalisent en un certain sens dans tel ou tel cas, sur tel ou tel matériau approprié. C'est la vieille idée de la participation qui était déjà dans Platon et qui reste, je crois, tout à fait correcte. Elle n'est pas incompatible avec l'idée d'Aristote d'une matière et d'une forme, la matière se subordonnant à une forme.

Vous parliez de l'idée selon laquelle le psychisme serait produit par le cerveau, comme le dit Changeux. Si l'on reprend cette hypothèse, certains qui, à la façon des mathématiciens parlent d'entités mathématiques, disent qu'il y a une âme....

Ce qui me plaît beaucoup, c'est la conception aristotélicienne :

l'âme comme forme du corps. Je veux bien croire, et Aristote est formel sur ce point, que l'âme ne peut pas être séparée du corps : il le dit très explicitement dans le *De anima*, et l'on a dit pour cette raison qu'il était matérialiste. Mais, d'un autre côté, la capacité d'un corps à être le support d'une âme, c'est une chose qui se présente comme une structure ou comme une loi à caractère formel, associée précisément à la forme au sens morphologique, au sens spatio-temporel de l'organisation. Le tout est évidemment lié à la forme des flux parcourant l'oganisme : sanguin, neuronal, métabolique en général : Pour moi, tout cela est une forme, et il en sort comme une forme résidu à caractère organisateur : l'âme.

Mais la structure, le caractère en quelque sorte intrinsèque de cette forme résidu est, lui-même, comme le résultat d'une structure formelle, à partir de ce gigantesque objet qu'est la considération de la forme de tous les mouvements moléculaires et physiques de notre organisme...

... qui est d'une complexité extraordinaire !

Si l'on se place du point de vue moléculaire... 22,4 litres contiennent le nombre d'Avogadro (6×10^{23}). Le nombre de molécules en jeu dans le corps humain tournerait ainsi autour de 3.10^{27}. Si l'on voulait représenter par un diagramme la configuration du mouvement de ces molécules, il faudrait un espace de dimensions deux fois 3.10^{27} au moins... C'est assez énorme ! Et le matérialiste convaincu, en général, fait grosso modo appel aux propriétés de la matière, étant donné que l'on croit les connaître, alors que l'on ne les connaît pas ! On l'oublie trop facilement : la raison d'être des propriétés de la matière reste une énigme. Les savants n'ont pas pour habitude d'avouer leurs ignorances ! Mais il reste que les états phasiques de la matière (solide, liquide, gazeux) attendent encore une théorie complète qui en rende compte. On m'a dit récemment que même l'état solide, qui a comme prototype l'état cristallin, n'a pas d'explication fondamentale au niveau des lois de la mécanique quantique. On s'explique bien sûr que cela puisse exister, mais on n'a pas de démonstration formelle que quelque chose d'autre ne puisse pas exister. La stabilité de l'état cristallin, en particulier, n'est pas démontrée en général.

Car enfin, prenons un exemple simple : soit un plan que vous quadrillez par des verticales et des horizontales équidistantes, vous obtiendrez une configuration équidistante de points délimitant des cellules carrées. Cela peut très bien être stable pour un potentiel d'interactions entre des atomes qui se seraient logés sur les sommets des carrés. Mais, à côté de cette première configuration, vous en avez une autre faite d'hexagones. Qu'est-ce qui va convaincre les atomes d'aller se placer selon l'arrangement en carrés plutôt que selon l'arrangement en hexagones ? Il est très difficile de répondre ; je ne sais pas s'il existe une réponse précise à cette question. Et si l'on opère en trois dimensions, cela devient effroyablement compliqué. On croit comprendre les choses, mais on ne les comprend pas. Ne parlons pas de la chimie : même la notion de liaison chimique reste obscure. J'ai dit un jour à un ami qu'expliquer la vie par la chimie, cela revenait à expliquer *obscurum per obscurius* ! Je ne sais pas s'il a apprécié la formule...

L'illusion naïve des matérialistes, c'est qu'ils s'imaginent qu'ils connaissent toutes les lois. Ce n'est pas vrai ! Loin de là !

Même les plus fondamentales ? Nous disposons non pas de lois, mais d'un certain nombre de formalisation qui expliquent le comment des choses...

Même le « comment » pose suffisamment de difficultés. On ne va pas remonter au Big Bang et à la concentration du plasma en gluons, en hadrons, etc. Nous nageons là en pleine mythologie moderne !

On fait appel à l'imagination pour pouvoir expliquer, ou donner une apparence de cohésion à l'explication.

Pour ma part, je suis naïf : je crois qu'il faut partir de la réalité macroscopique usuelle, que nous connaissons tous : la réalité que vous avez, que j'ai, que cette boîte sur mon bureau a. Et si nous refusons *a priori* toute validité à cette réalité, nous sommes condamnés au solipsisme ou à des doctrines d'un subjectivisme réellement forcené. Il faut partir de ce réalisme inévitable, et c'est à partir de lui, que l'on doit construire les entités scientifiques qui, elles, peuvent permettre d'aller plus profond dans l'organisation des choses. Il ne faut pas essayer de se mettre sens dessus dessous pour essayer de démontrer la réalité de ce stylo, en invoquant le fait que je le perçois grâce à ma rétine, par mon corps géminé et tout un entrelacs de neurones et de synapses. D'ailleurs, entre nous, si vous refusez la réalité de ce stylo, pourquoi le voyez-vous ? Je dis toujours cela à mes amis neurophysiologistes : pourquoi voudriez-vous que je croie davantage à la réalité des neurones et des synapses si vous me refusez la réalité de ce stylo ?

La saillance et la prégnance

Vous avez qualifié la mécanique quantique de « grand scandale intellectuel du vingtième siècle », car elle manifeste que la science a renoncé à l'intelligibilité du monde. Vos concepts de prégnance et de saillance nous aident-ils, eux, à le rendre intelligible ?

La saillance, on voit tout de suite de quoi il s'agit : une forme est saillante si elle se sépare de son fond. Il y a donc toujours une frontière qui limite l'objet et qui sépare l'intérieur de l'objet du fond. La discontinuité est en quelque sorte inhérente à la saillance. Au fond, seule la discontinuité se propage en un certain sens, et c'est assez paradoxal. Il me vient à l'esprit que je n'y avais jamais pensé...

La prégnance appartient plutôt au monde du continu, mais c'est aussi le support des entités propagatives, comme le son ou la lumière, etc. Le discours, le *logos*, lui-même, est porté par les vibrations sonores, dont on ne peut pas dire qu'elles soient de nature fondamentalement discrète, mais qui contiennent des éléments discrets.

Le sens des mots est porté par la discontinuité des phonèmes...

On reconstitue le son à partir des discontinuités phonologiques.

Il vient de vous passer par l'esprit que seule la discontinuité se propage, mais grâce au support de diffusion que la prégnance représente.

Nous ne vivons pas dans un univers à une dimension. Le seul univers où la discontinuité ne se propage pas, c'est la droite, le continu unidimensionnel. Si vous marquez un point sur une droite, il est là où il est : il ne va en principe pas se propager. S'il se propage, il cesse d'être un point. Mais si vous prenez une figure bidimensionnelle comme le disque, l'intérieur du cercle, et si vous vous placez en un point du bord, vous pouvez dire que la discontinuité se propage, parce qu'il y a un petit arc de cercle qui passe par ce point.

Vous savez que la théorie de la prégnance, je la fais sortir de l'animalité. Le phénomène du conditionnement pavlovien est fondamentalement la manifestation de la prégnance. Lorsque l'on fait tinter une sonnette aux oreilles du chien affamé, avant de lui donner un morceau de viande, si l'on réitère l'expérience un certain nombre de fois, le seul tintement de la sonnette le fait saliver. J'interprète cela en disant que ce tintement, parce que c'est un intervalle sur l'axe du temps (il y a du silence avant et après), joue le rôle d'une forme saillante. Elle a été imbibée, investie par la prégnance alimentaire que porte la viande. Cette dernière est une forme prégnante pour le chien affamé, et cette prégnance se comporte en quelque sorte comme un fluide qui viendrait contaminer, investir les formes sensorielles proches des formes sources, soit dans la continuité spatio-temporelle, soit en similitude.

Ce fluide pénètre dans le champ phénoménal par ces fissures que sont les formes saillantes. Ce fluide a des propriétés très spéciales. Une association comme celle de la viande et du tintement ne durera pas si elle n'est pas renforcée. Elle est artificielle, et donc elle disparaîtra si l'expérimentateur ne la renforce pas. Il existe en revanche des associations qui sont fondées dans la nature et qui, de ce fait, restent permanentes : c'est ce qui est à la base du langage humain.

La distinction entre l'homme et l'animal vient du fait que

ce dernier a très peu de prégnances : la faim, la peur, le désir sexuel, mais ces prégnances sont extrêmement labiles ; elles peuvent s'infiltrer dans un très grand nombre de formes saillantes. Cet investissement, cependant, est constamment réversible, il n'est jamais définitif. Sauf peut-être pour le phénomène de l'empreinte originelle, qui a de plus grands caractères d'irréversibilité.

Il y a une certaine ambiguïté dans la notion de saillance. La saillance typique est visuelle : nous voyons des choses qui se séparent de leur fond. Mais la nuit, tous les chats sont gris. La saillance, au fond, dépend d'une source lumineuse qui éclaire l'objet ; et c'est l'irréversibilité du rayonnement émis par la source qui fait que finalement la lumière réfléchit, ou est diffusée par l'objet. Elle va entrer dans mon œil et exciter ma rétine. Du point de vue des processus physiques, donc, la saillance est dépendante, pour se manifester, d'une prégnance originelle émanant d'une source externe.

La prégnance me paraît ressembler à un boisseau d'énergie, qui viendrait nourrir certains effets qui deviennent saillants...

Le concept d'énergie, à bien des égards, me semble effectivement une sorte de conceptualisation d'une prégnance indifférenciée.

Que voulez-vous dire lorsque vous dites que la prégnance peut diffuser ?

Un pas énorme fut réalisé à l'origine du psychisme humain par rapport au psychisme animal, même si la discontinuité n'a pas nécessairement été aussi brutale. Dans le cas de la viande, du tintement de sonnette qui est investi de prégnance alimentaire, il s'agit d'un phénomène, en principe, purement subjectif, relatif au chien qui a été conditionné. Objectivement, en tant que forme sonore, ce tintement de sonnette n'a absolument rien à voir avec la faim du chien : c'est une association qui appartient au domaine du biologique, et du sujet interprétant des réponses. Mais il s'est fait qu'un très grand nombre d'agents physiques dans le monde jouent le même rôle que les prégnances animales. Je pense qu'il faut en chercher l'origine dans le caractère olfactif des prégnances biologiques. Chez les animaux les plus primitifs, l'essentiel des prégnances est de caractère chimique, et ce sont par conséquent des molécules qui diffusent. Elles ne sont en général pas visibles, et elles ne peuvent être repérées que par l'odorat. Mais l'animal a tout de suite conscience que ces formes ont tout de même une source. Et si elles sont prégnantes, c'est justement qu'il s'agit de remonter à la source : c'est une prégnance attractive. Il en est ainsi des phéromones chez les insectes : la femelle, au moment de l'accouplement, diffuse un parfum, une série de molécules messagères, qui peuvent être perçues par le mâle à des distances considérables, à des dilutions infinitésimales. Dès que le mâle a reçu ces molécules, il s'oriente immédiatement, par un phénomène de chimiotactisme par rapport au gradient de concentration de la substance et il fonce vers la source. Pour détecter un gradient, entre nous, il faut disposer de quelque chose de subtil, il faut de la mémoire et le sens de l'orientation.

Mais vous indiquez là un processus qui s'oriente grâce à une perception du quantitatif...

Bien sûr : tous les gradients sont quantitatifs. Mais ils ont aussi toute une série d'aspects qualitatifs. Cet entraînement biologique (au fond, le chimiotactisme est déjà visible dans la vie) ce n'est pas quelque chose qui exige des synapses et un système nerveux ; la cellule libre, isolée, est déjà capable de tropisme ; il n'y a pas de problème : c'est vraiment quelque chose de très primitif dans la matière vivante.

Mais je voudrais en venir au passage des prégnances subjectives de type pavlovien aux prégnances objectives du champ physique, avant d'aborder le plan sociologique.

Le caractère fondamental de l'explication est justement venu lorsque l'on a en quelque sorte objectivé les prégnances, et que l'on a considéré que certaines formes saillantes étaient investies par des entités aux mêmes effets que les prégnances biologiques. Un exemple simple : le moment cinétique d'un objet solide. Si vous avez un corps solide qui se dirige vers votre propre organisme, le mouvement de ce corps et sa masse ont une signification biologique très importante : on va immédiatement avoir un mouvement de recul, interpréter la trajectoire de ce corps et faire ce mouvement de recul pour éviter le choc. Le moment cinétique, dans la mesure où il est dirigé vers nous, a, si l'on peut dire, à la fois une définition objective et une signification subjective. Il est arrivé un moment où, lorsqu'il a observé la collision entre deux corps solides, le sujet pensant a en quelque sorte été l'objet d'un sentiment d'empathie pour l'un ou l'autre des deux corps (remarquez que l'on dit corps aussi bien pour une pierre que pour le corps humain : c'est typique), et les optimistes se sont identifiés au corps choquant, tandis que les pessimistes se sont identifiés au corps choqué, distinction qui n'existe en principe plus depuis Newton et Galilée, mais nous la faisons pourtant constamment. On peut donner des critères cinétiques qui, dans une collision, permettent de déterminer l'agent choquant et l'agent choqué, sauf situations rigoureusement symétriques, qui sont exceptionnelles. Cette distinction fait que le moment cinétique participe à la fois du subjectif et de l'objectif : elle a en un certain sens été généralisée par la pensée scientifique, d'abord observationnelle empirique, puis proprement scientifique ; ainsi certaines entités au caractère prégnant ont été objectivées.

Prenons la couleur : il est évident que c'est quelque chose de subjectif, mais en même temps d'objectif. Le caractère rouge d'un corps chaud, cela a à la fois une valeur subjective et une valeur objective.

Finalement, j'en suis arrivé à la conclusion que nous avons présente à l'esprit, de manière absolument fondamentale, cette structure originelle d'un monde où, au départ, nous avons des entités saillantes ; que ces entités émettent des prégnances, lesquelles peuvent être capturées ou reçues par d'autres entités saillantes, au sein desquelles elles produisent des effets que l'on appelle figuratifs, qui peuvent conduire l'entité investie à réémettre la prégnance, ou une prégnance légèrement différente suivant le cas. En réalité, nous tenons là en quelque sorte la source fondamentale de tout type de système en interaction.

Cela rappelle le discours sur le rapport entre le fond et la forme...

Je ne le verrais pas de cette manière. Valéry disait : « Le fond n'est qu'une forme impure ». Cela signifie justement que lorsque une entité subit une dissociation fractale, elle se fragmente en petits morceaux de plus en plus petits, et comme les éléments deviennent si petits qu'ils en sont imperceptibles, on a alors réalisé cette transformation d'une forme en un fond, géométriquement. C'est ce que j'avais tenté d'appeler « catastrophe généralisée ». Faute de théorème, cette terminologie a fait long feu...

Quel rapport faites-vous entre saillance-prégnance et continuité-contiguité ?

Comme je l'ai expliqué tout à l'heure, l'entité saillante est fondée, elle dispose de sa forme définie par la discontinuité, celle de son bord. C'est une idée très profonde, clé de la physique aristotélicienne. Il y a des citations de la physique d'Aristote que je pourrais vous donner là, mais c'est sans intérêt... Pour lui, la forme d'un objet physique est quelque chose comme son bord ; au sens abstrait de la définition, l'*eidos* c'est quelque chose également comme une forme dans un espace abstrait, avec son bord. Il y a une matière intelligible, qui est en quelque sorte comprimée par sa définition. *Orismos* signifie définition ; c'est presque le même mot que *oros* qui veut dire bord. C'est assez remarquable.

Définir, c'est dire les frontières, dessiner les frontières ?

C'est effectivement délimiter les frontières. Et cette intuition a quelque chose d'extraordinairement profond, à mon avis.

Ainsi, la contiguité n'est possible que pour des entités définies par des frontières, des entités discrétisées ?

Les entités peuvent subir des transformations fâcheuses. Elles peuvent, comme le dit Aristote, entrer en privation, la *sterèsis* aristotélicienne. Je conçois un peu la privation comme une blessure : le bord du bord est vide ; c'est le grand axiome de la topologie, de la géométrie différentielle en mathématiques, mais cela exprime l'intégrité spatiale du bord de l'organisme. La privation, c'est la mutilation, c'est le sang qui jaillit, etc. C'est la lacune dans la forme : la forme devient lacunaire, et cela affecte sa stabilité et sa permanence.

Dans votre itinéraire de la mathématique à la réflexion épistémologique, à partir de la théorie de la catastrophe, vous vous êtes orienté vers la morphogénèse : vous êtes passé de la catastrophe à la morphologie, en quelque sorte...

C'est déjà assez ancien. J'ai commencé à m'intéresser aux formes par les caustiques. Puis, j'ai eu cette révélation au musée de Poppelsdorfer Schloss à Bonn, où j'ai vu les modèles de l'embryon de grenouille en train de gastruler, cette belle géométrie que j'essayais d'interpréter justement en termes de déploiement d'un fond d'ondes dans un espace approprié qui se reprojette sur l'espace ordinaire. A partir de là, effectivement, j'ai essayé d'appliquer ce genre d'idée à l'embryologie.

Ne peut-on généraliser ? Est-ce que, au fond, on ne peut pas s'interroger de la même façon sur l'origine de toutes les formes, de toutes les formalisations ?

On peut effectivement se poser le problème de la morphogénèse pour tout espèce de forme, et pas seulement pour les formes vivantes. Ce qui se passe, c'est que la plupart des formes des objets inanimés ont un déterminisme difficile qui, en principe, ne ressort pas franchement de la théorie des catastrophes. D'abord, il y a les formes auxquelles nous sommes très sensibles, celles des instruments, des outils, celles des meubles, des habitations. Il y a des catastrophes, mais elles sont liées à des tas de souvenirs : prenez la frontière entre le plafond et le mur ; c'est une ligne de discontinuité du point de vue des matériaux, de la direction. Son origine est facile à comprendre : elle provient du conflit entre la nécessité d'avoir des parois verticales et des surfaces horizontales sur lesquelles se maintenir. Le conflit de l'horizontal et du vertical crée une ligne qui est précisément celle qui nous intéresse. Le conflit, là, est en quelque sorte formel, et il trouve sa réalisation, à un moment donné, dans l'esprit de l'architecte ; cette réalisation, codifiée socialement, devient un processus de fabrication des poutres, des lattes de plancher. Il n'y a aucun mystère, parce que nous connaissons le mécanisme psychique qui a donné naissance à l'objet. Mais il n'empêche qu'au départ, il y avait conflit entre deux gradients fondamentaux : le conflit de la polarité horizontale et de la direction verticale, qui sont duaux dans notre espace.

Pour les objets inanimés de la nature, il est très difficile de donner des règles simples qui permettent de comprendre comment cette forme s'engendre. Prenez un végétal : nous savons qu'il sort d'une graine qui pousse et qui se ramifie, qui produit des feuilles. Les lois qui permettent de décrire cet engendrement sont assez bien connues actuellement, mais elles ne sont pas tellement rigoureuses, pas assez pour agir indépendamment des facteurs d'environnement, de sorte qu'en réalité, les végétaux ont extérieurement des traits structurels communs, mais pas mal de variabilité individuelle. Là aussi, si l'on voulait pénétrer dans la nature intime de ces mécanismes, on tomberait sur des difficultés considérables. La description par des lois est possible, il y a tout un corpus considérable de littérature sur la morphologie végétale, qui fait d'ailleurs appel à des mathématiques assez subtiles, au nombre d'or par exemple. Si l'on veut expliquer la forme, il faut entrer au niveau cellulaire, au niveau moléculaire, et cela devient d'une complexité qui dépasse l'entendement.

Polémiques

A ce stade, je crois qu'on peut dire que la réflexion est passée de la mathématique à la philosophie. Et ce passage a suscité quelques polémiques...

Fort peu : d'une part, parce que les philosophes ne sont pas mécontents de voir que certains de leurs problèmes sont entrevus, s'ils ne sont pas résolus pour autant, qu'ils sont transcrits en termes plus proches de la mathématique. D'autre part, parce que les seules objections que j'ai rencontrées sont justement de caractère très philosophique, provenant par exemple de défenseurs de la métaphysique. Certains m'ont dit : vous voulez ramener l'individuation d'un être à la connexité ; le fait qu'un corps ait la forme d'une boule, cela ne suffit pas comme critère pour assurer l'individualité d'un psychisme. C'est vrai ! Je suis prêt à reconnaître qu'avoir un corps en forme de boule ne suffit pas pour faire preuve d'une individualité de type psychique. Mais c'est une condition nécessaire si elle n'est pas suffisante pour les êtres vivants que nous sommes. Si nous cassons la boule en deux, le psychisme disparaît... Je ne sais pas dans quelle mesure il s'agit d'une manifestation de matérialisme sous-jacent. Je crois plutôt qu'il s'agit d'une preuve de l'importance de la forme. Dans les discussions sur ce sujet, l'argument standard des matérialistes, je vous l'ai déjà dit, est l'argument massue (je vous renvoie au livre de Connes et Changeux) : « Vous prétendez, avec vos mathématiques, que vous touchez une réalité abstraite et non matérielle ? Et moi, je vous dis que si je vous broie la cervelle à grands coups de massue, vos entités intelligibles vont disparaître ». C'est incontestable, et cependant, cela ne me semble pas convaincant : si notre cervelle est capable d'héberger pas mal de structures platoniciennes, c'est en raison de l'existence de formes dans ce magma de neurones et de synapses et autres « bidules ». Dans la mesure où la forme disparaît, il est vrai que les entités platoniciennes disparaitront également ! Cela témoigne simplement du fait que ces entités ont parfois besoin d'une certaine participation à une structure d'une autre nature, mais une structure formée, pourvue d'une forme, une *materia signata* comme disait Aristote, ou plutôt ses lecteurs latins.

Lorsque vous parlez de boule, vous usez d'une métaphore. Vous voulez dire que c'est un corps qui a une limite, un dedans et un dehors ?

C'est même plus précis que cela : c'est une boule topologique. Ce n'est pas un tore plein, comme une chambre à air gonflée.

Le tube digestif pourrait faire penser au fait qu'il y a deux types d'intérieur dans l'être humain...

Et j'ai eu beaucoup de controverses avec certaines personnes à ce sujet. Je persiste à dire que l'intérieur du tube digestif est à l'intérieur de l'organisme et que, effectivement, il faut prévoir une petite zone frontière avec les dents, la langue, les sphincters, etc. pour limiter, séparer l'intérieur de l'extérieur.

Il y a bien dans ce cas précis un intérieur qui est, si je puis dire, plus intérieur que l'autre...

C'est peut-être vrai, mais c'est difficile à évaluer. L'intérieur du tube digestif est un régime intermédiaire entre le régime de la chair externe au tube digestif et le régime du monde extérieur.

Dans votre métaphore de la boule, il s'agit d'un espace matériel qui est identifié par ses propres limites en quelque sorte, et par ses forntières. Si l'on casse la frontière, il n'y a plus rien du tout.

C'est bien pour cela que récemment je suis revenu à Aristote, et j'accepte très bien sa définition de l'entité comme étant ce qui est là, séparé de son environnement. Le bord de l'entité, c'est précisément sa forme, le support de la forme, sa manifestation. Pour aller un peu plus loin, bien entendu, pour les êtres vivants, la forme ne se limite pas à la forme externe, comme pour une statue : c'est aussi la forme de tous les organes internes. Il y a bien une forme interne qui prolonge en quelque sorte la forme externe et qui, d'ailleurs, dans l'embryologie, se construit par continuité et à partir de la forme externe. Il y a continuité temporelle entre les tissus formés à l'intérieur et la coque initiale de la blastula, comme disent les embryologistes.

Mais en réalité, une forme n'est jamais simple et elle est composée d'un certain nombre d'autres formes...

Nous touchons là à une problématique très difficile : celle des parties. Qu'est-ce que la partie d'une entité ? C'est là une aporie d'Aristote qui reste aujourd'hui encore un problème très délicat. Dans le cas des animaux auxquels Aristote s'est beaucoup intéressé, il s'est posé le problème de savoir si une partie, au sens traditionnel, par exemple sa patte, son aile, son bec, pouvait être considérée comme une entité (en grec, *Ousia*), au sens métaphysique qu'il donnait à ce mot. Et il est vraisemblable que, dans son esprit, ce n'était pas vraiment des entités de plein droit, parce qu'elles sont subordonnées à la réalisation effective de l'organisme global.

On peut pourtant distinguer divers types de parties dans le corps, divers types d'organes ?

J'ai récemment beaucoup réfléchi à cette question. Dans mon livre récent, *L'esquisse d'une sémiophysique*, je reprends les réflexions d'Aristote. Il avait apporté deux concepts intéressants : celui d'homéomère et celui d'anhoméomère. Je voudrais expliquer le concept d'homéomère, très mathématisable (il est vrai que j'ai au moins cet avantage sur Aristote d'avoir une meilleur formation de topologue que lui !). Si vous avez un espace contenant plusieurs qualités, un espace qualitatif, comme un espace coloré, vous pouvez définir une relation d'équivalence entre deux points : si un point x peut être équivalent à un point y, si je peux découper un petit voisinage de x et un petit voisinage de y, et transporter continûment le voisinage de x vers le voisinage de y, de telle manière qu'au cours de ce déplacement, la structure qualitative de l'espace ne change pas, cela définit une relation d'équivalence entre points et, pour les bons espaces, ceux qui sont définis classiquement en mathématiques par de bonnes équations, on démontre que cette relation est en fait à peu près équivalente à une décomposition en morceaux, mais des morceaux de dimensions strictement décroissantes. En dimension 3, par exemple, un polyèdre : vous prenez un cube, comme un dé. Si vous classifiez les points par cette méthode, vous verrez que vous avez quatre types de points : ceux qui sont intérieurs au dé, ceux qui sont intérieurs à une face, sur les arêtes et sur les sommets. Nous avons donc quatre classes de points. Regardons ensuite les composantes connexes de chacune de ces classes : c'est ce que j'appelle une strate. De cette manière, on stratifie l'espace considéré. Les polyèdres peuvent être stratifiés, car le cube se stratifie avec une strate de dimension 3 (l'intérieur), six strates de dimensions 2 (les faces) et 12 strates de dimension 1 (les arêtes), et 8 strates de dimension 0 (les coins). De cette manière, j'ai en quelque sorte décomposé la morphologie en morceaux qui sont équi-singuliers le long de chaque morceau. C'est une définition parfaitement valable également en biologie, au moins si l'on ne regarde pas les choses de trop près. On peut décomposer le visage en plusieurs éléments, les yeux, les paupières, les sourcils, le front, le nez, la bouche, etc. On a cependant des difficultés lorsque l'on veut récupérer, à partir de cette définition purement géométrique, les parties du corps telles qu'on les entend au sens ordinaire. Prenez la main : le pouce, du point de vue de la peau, ne s'en sépare pas. Si je dis que le pouce est une partie de la main, et si je veux définir la frontière entre le pouce et le reste de la main, c'est très facile au niveau du squelette : c'est le métacarpien qui se sépare de la phalange. Et la surface d'articulation entre le métacarpien et la phalange, j'ai une frontière bien nette pour la définir, puisqu'elle est fonctionnelle. Mais autour, il y a les tendons ; il y a toute une série de liens qui les unissent ; et puis, enveloppant le tout, ce manchon que constitue la peau. Comment alors définir la frontière entre le pouce et la main ?

Aristote ne s'est pas préoccupé explicitement de ce type de problème, mais il avait introduit, à côté de la notion d'homéomère celle d'anhoméomère, en disant : les anhoméomères sont composés de plusieurs homéomères. On considère usuellement les organes comme les membres, qui ont une certaine individuation, une certaine individualité, mais sont composés de plusieurs parties.

Aristote est tombé sur une petite difficulté avec la membrane intestinale : elle est relativement homogène en tant que membrane mais elle se sépare tout de même de l'intérieur de la chair, et de ce point de vue, il y a un caractère différentiel entre les deux : est-ce alors un homéomère ou un anhoméomère ?

Ce type de questions, les biologistes contemporains les considèrent comme simplement sémantiques, et donc sans intérêt. Mais c'est en réalité très profond, car les études linguistiques ont montré que la manière dont nous appelons les organes des hommes et des animaux est très peu variable d'une langue à l'autre. Il y a un isomorphisme presque total entre les différentes manières de nommer les parties du corps. Pourquoi cela ? Pourquoi éprouvons-nous le besoin de nommer la main, l'avant-bras, le bras ?

Or, presque tous les idiomes les distinguent.

Peut-être parce que ces différentes parties s'imposent comme telles, et disposent de caractéristiques morphologiques suffisamment précises pour que toutes les cultures éprouvent le besoin de les nommer...

Aristote y répond dans son livre sur les parties. Il dit en substance que les anhoméomères sont là où passent les activités, les travaux. Et c'est effectivement le facteur d'unité d'une partie du corps au sens usuel : c'est essentiellement du côté fonctionnel qu'on la trouve et pas du côté structural. Au contraire, du côté structural, il y a polymorphisme. Mais il y a bien une certaine unité fonctionnelle. Le vaste problème, c'est de récupérer cette unité...

Surtout si l'on considère des fonctions qui sont déjà des fonctions intégrées, comme la respiration, la circulation, la digestion, etc.

Il n'est pas difficile d'arriver à un tableau de toutes les grandes fonctions biologiques. Elles sont presque toutes imposées par des contraintes banales : vous avez une boîte noire avec des entrées et des sorties ; il faut les classifier selon leur nature ; ce peut être de la matière, ou de façon plus subtile, des formes. Si c'est de la matière, il faut la classifier selon sa nature phasique. Et lorsque vous faites cette classification, vous avez déjà presque toutes les grandes fonctions de la physiologie : la respiration, qui est à la fois expiration et inspiration de l'air ; l'alimentation buccale ou stomacale, qui est l'ingestion des solides et des liquides ; vous avez les excrétions correspondant aux trois phases... C'est tout à fait typique. Il y a en outre quelques fonctions strictement biologiques, comme la reproduction, l'irritabilité, etc. Ce n'est d'ailleurs pas une fonction : c'est une caractéristique de la vie.

PREDIRE N'EST PAS EXPLIQUER

Je suis en ce moment président de la Société française de biologie théorique. Je vais bientôt cesser de l'être d'ailleurs. Mais ce que nous disons là n'intéresse actuellement pas les biologistes..

Pour vous, est-ce le prolongement logique de vos préoccupations topologiques et morphologiques ?

J'ai toujours été fasciné par les problèmes de l'embryologie. Dès mon premier livre, j'avais consacré une bonne moitié de l'ouvrage à une modélisation de l'embryologie, probablement prématurée. Je crois que le principe est sain, mais la manière de parvenir réellement à une description suffisamment précise est difficile à acquérir. On touche d'ailleurs là à une autre grande difficulté de la théorie des catastrophes, qui est le problème du substrat. La théorie des catastrophes, sous sa forme pure, est indépendante du substrat. Elle s'occupe des formes indépendamment de la nature du milieu dans lequel ces formes sont définies.

Sur quoi portent les polémiques les plus récentes ?

Elles ne portent pas sur des positions liées fondamentalement à la théorie des catastrophes. Elles renvoient plutôt à des positions que j'ai prises sur le plan philosophique.

Il y a d'une part la polémique qui s'est développée dans la revue *Le débat* dans les années quatre-vingts sur le déterminisme. « Halte au hasard, silence au bruit ! », c'était un article essentiellement dirigé contre les affirmations de l'école prigoginienne sur la disparition du déterminisme en science, sur la nécessité de renoncer au formalisme différentiel et aux équations. Je me suis présenté comme un défenseur du déterminisme, et je demeure sur cette position. Je crois que toute science est, par essence, déterministe. Elle est parfois obligée de traiter des situations indéterminées, mais c'est toujours à son corps défendant.

J'ai cru vous entendre parler de chaos déterministe...

C'est ce que l'on entend à propos de l'automorphisme du tore, défini par la nature $\begin{vmatrix} 1 & 1 \\ 1 & 2 \end{vmatrix}$ et par la formule $x' = 2x + y$ et $y' = x + y$. Le tore, c'est le produit de deux cercles, et, de cette manière on envoie le tore dans lui-même. Cette tranformation est appelée « chaotique ». Je trouve un peu scandaleux de nommer chaotiques des choses qui demandent pour être décrites quatre nombres et deux barres verticales. Il y a abus de terminologie !

D'autres polémiques tiennent aux obstructions que j'ai rencontrées dans les milieux scientifiques. Par exemple, mes idées sur l'embryologie n'ont jusqu'à présent aucun écho chez les biologistes. Leur objection unanime peut être résumée ainsi : si vous avez des suggestions, des idées sur ce sujet, démontrez-les expérimentalement ! Nous vous ouvrons nos laboratoires, donnez-nous des idées d'expériences, nous ne demandons pas mieux que de les réaliser... Alors, mis au pied du mur, je me suis lancé dans l'étude de la biologie contemporaine, et j'ai été absolument stupéfait de la manière dont les gens travaillent, ou plutôt, dont ils conçoivent leurs travaux. Je ne dis pas qu'ils ne travaillent pas proprement : ce qu'ils font est certainement très bien fait. Mais aujourd'hui, si vous voulez expliquer l'embryologie, tant que vous n'aurez pas exhibé un gène, une enzyme ou un « bidule » de ce genre, les gens ne vous écouteront pas.

Et qu'avez-vous envie de leur proposer ?

Je leur propose une formalisation de l'embryologie par des entités abstraites. Il n'y a de science que dans la mesure où l'on plonge le réel dans un virtuel contrôlé. Et c'est par l'extension du réel dans un virtuel plus grand que l'on étudie ensuite les contraintes qui définissent la propagation du réel au sein de ce virtuel.

La mécanique n'est pas autre chose. Vous avez l'espace de toutes les positions et vitesses possibles de votre solide, et puis le produit par le temps ; vous avez la trajectoire, vous vous donnez la réalité, qui est la position initiale, les données initiales. Ce que dit le formalisme, c'est : toute la trajectoire va être parcourue par la réalité. Le point représentatif, c'est l'injection du réel dans le virtuel.

On le comprend bien dans le domaine de la mécanique, mais c'est la même chose dans celui de la biologie.

N'est-ce pas d'un tel niveau de complexité qu'il est difficile d'imaginer cela ?

J'ai écrit un article intitulé : *Ambiguïté de la complexité en biologie*, où j'adresse aux biologistes le reproche de se gargariser de ce mot, alors qu'il y a des choses très simples en biologie. Les organismes complexes, en certains points, ont un comportement très simple. J'y pose le problème suivant : « Si vous observez la locomotion d'un chat et la manière dont une cellule se propulse en émettant des pseudopodes, qu'est-ce qui vous paraît le plus facilement intelligible ? ». Cependant, nous sommes composés de cellules, nous devons être infiniment plus complexes que la cellule isolée. Mais nous comprenons beaucoup plus facilement comment un chat peut marcher que nous ne comprenons comment une cellule se déplace. Surtout que le chat marche toujours avec les mêmes pattes, alors que la cellule peut émettre des pseudopodes dans n'importe quelle direction, au moins théoriquement.

Il y a visiblement une sorte d'obstacle psychique énorme qui fait que les gens refusent de considérer l'autonomie de certains niveaux d'intelligibilité en biologie. Ils disent d'emblée que ce n'est pas vrai, lorsque vous allez regarder très finement comment tel os se déplace par rapport à tel autre : qui assure la synchronisation de telle articulation avec telle autre ? Comment sont constitués, avec quels neurones, les champs moteurs de la marche ?... Vous tombez tout de suite dans des complications. C'est compliqué, j'en conviens volontiers. Mais si l'on cherche la complication, on la trouve toujours.

Il y aurait selon vous des façons simples de cadrer et de trouver des schémas explicatifs et puis, peut-être, progressivement...

On peut progressivement descendre vers le fin. A côté de la démarche réductionniste, qui passe d'emblée à un niveau très fin et tente de reconstituer l'organisme, il y a selon moi une démarche inverse qui consiste à partir des grosses structures de l'organisme telles que nous les donne le langage usuel, et cette décomposition qualitative des organes dont nos langues ont hérité, peut-être par la pratique de la boucherie et des traditions alimentaires carnivores, cette décomposition naïve de l'organisme, on doit pouvoir, ensuite, en raffinant nos connaissances en physiologie, arriver à une description de plus en plus précise des structures locales, et en particulier de leur genèse embryologique.

C'est mon ambition et mon programme.

On peut donner un exemple typique : du temps de Vésale et de Harvey, le cœur était une espèce de pompe qui injectait le sang dans ces tuyaux que sont les vaisseaux. Il y avait donc cette analogie de la pompe et des tuyaux, qui a suffi pour assurer une certaine intelligibilité au fonctionnement cardiaque. Des poumons, on a dit qu'ils étaient un soufflet. L'interprétation de la nécessité d'avoir de l'air dans le corps n'est venue qu'avec les connaissances en chimie. Il a fallu faire, avec Lavoisier, la distinction de l'oxygène et de l'azote, et savoir que l'oxygène est nécessaire. Puis il a fallu assimiler l'être vivant à une machine thermique. Tout cela, au fond, est venu d'ailleurs que de la biologie.

Ces approches sont analogiques, métaphoriques.

C'est vrai que ce sont des métaphores, mais je pense aussi qu'il y a un noyau commun, un noyau mathématique sous-jacent à la notion de métaphore, qui fait qu'il est correct de dire que le cœur est une pompe.

Encore une fois, comme le disait Aristote, ce n'est pas la nature qui imite l'art, c'est l'art qui imite la nature. C'est parce que nous avons implicitement le schéma de la pompe réalisée dans le cœur que nous avons pu ultérieurement construire des pompes technologiques. Et maintenant, les gens vous disent, le cerveau, c'est un ordinateur ! On continue...

PREDIRE N'EST PAS EXPLIQUER

Vous dites que le langage commun dont l'homme dispose lui permet d'expliciter un certain nombre d'états de connaissances. Il y a un défi dans l'utilisation de ce langage pour essayer de transmettre des approches à caractère mathématique. Pourquoi cette difficulté ?

La difficulté est avant tout psychologique. Nous ne sommes pas habitués ; nous vivons le formalisme linguistique et le formalisme mathématique comme deux domaines disjoints de l'activité psychique. Je serais personnellement tenté de dire que c'est le domaine linguistique, qui est réellement le domaine fondamental. Le domaine mathématique a un caractère particulier, spécifique, et qui est lié au fond à l'emploi d'images géométriques : la capacité de spatialiser les choses, et d'avoir des groupes de transformation agissant dans ces espaces. C'est cela, au fond, l'essence des mathématiques.

Alors, nous avons ce phénomène que la mathématique permet l'itération, c'est-à-dire de répéter indéfiniment la même chose. L'exemple est celui de l'arithmétique ; vous itérez constamment la même opération en comptant. Et cependant, les objets que vous récoltez sont qualitativement distincts. Aucun entier ne ressemble à un autre entier. Il y a là quelque chose d'assez paradoxal : la mathématique repose sur une sorte de monotonie intrinsèque, la générativité des structures jouant indéfiniment, et d'un autre côté, de cette monotonie sortent des distinctions qualitatives, un univers qualitatif. Et celui-ci est d'une part celui de l'arithmétique, que je trouve personnellement ennuyeux, mais aussi celui de la topologie, les objets géométriques, topologiques, et ceux-là me semblent passionnants. Connaissant ces objets mathématiques, le problème est de revenir sur les objets mentaux usuels, et d'essayer de trouver une correspondance des opérations mentales dans les opérations mathématiques. Certaines opérations mentales peuvent être modélisées, ou simulées par des êtres mathématiques.

Il faut par exemple revenir à la racine mathématique des analogies. Je prends un exemple : au fond, l'accélération et le ralentissement, c'est la même chose, sauf que l'une est en positif et que l'autre est en négatif...

La dérivée vers la droite et celle vers la gauche, c'est également la même chose, sauf que ce n'est pas dans le même sens. Et d'ailleurs, dérivée et accélération, c'est également la même chose. On peut comprendre ainsi qu'un système de calcul, comme les dérivées, permette de définir des objets extrêmement divers au point de vue sensible. De ce dernier point de vue, dérivée à droite et accélération sont très différentes. Or, on peut trouver une formule mathématique qui calcule ces deux types de mouvements.

Perspectives de la recherche...

Quelles perspectives attribuez-vous à la science pour le moment, et aux relations que la science entretient avec les mathématiques ? Dans quelle direction la recherche peut-elle présenter de l'intérêt, compte tenu de l'état de notre humanité actuelle ?

Je crois qu'il est assez vain de tenter de rechercher comment la science va se développer. J'ai toujours l'impression qu'elle est pour le moment une exploration, et tant qu'elle a quelque chose à trouver, elle va le trouver. La nature de ce que l'on trouve peut être intéressante. Et cela peut être complètement insignifiant. Mais ce qui facilite beaucoup la tâche des scientifiques, c'est qu'en dehors des spécialistes qui se gardent bien d'en faire état, personne ne parle d'un résultat insignifiant en science. On continue donc d'explorer tout ce qu'on peut, et on tente d'interpréter ce qui en sort.

Est-ce que cela pourrait se passer autrement ?

Je ne le crois pas. Il y a cependant eu, selon moi, une dégradation considérable de ce que l'on appelait autrefois la caste universitaire. Ceux qui la composaient, outre quelques avantages matériels, jouissaient d'une considération, d'un prestige social assez considérable. Il s'est en grande partie dégradé, peut-être du fait des erreurs des universitaires eux-mêmes, qui ont eu un peu trop tendance à se laisser attirer par les sirènes médiatiques. Mais aussi, l'examen, le diplôme universitaire, n'est plus une condition nécessaire pour réussir dans la vie. Pour réussir à sortir des couches les plus pauvres, c'est probablement toujours vrai, mais pour « réussir » au sens plein du mot, la caste universitaire ne suffit plus aujourd'hui. Les grandes réussites de notre temps ont une autre source. De ce fait, les critères universitaires de valeur ont une tendance sociologique à se dévaloriser. Les gens ne voient plus la nécessité de faire de gros efforts intellectuels, de consacrer dix ou quinze ans de leur existence à des études difficiles, s'ils n'en retirent pas une récompense suffisante.

Mais pour l'orientation de la recherche ? Quelle incidence cette constatation peut-elle avoir sur son orientation ?

Justement, la recherche est venue, d'une certaine manière, apporter une possibilité de carrière à beaucoup de gens qui n'auraient pas été capables de faire une carrière universitaire à l'ancienne façon.

Ce qui se passe aujourd'hui en sciences est très institutionnel. Et le mot est insuffisant : cela présuppose quelque chose de réglementé, de réglementaire. Il est vrai qu'existent des structures pour la recherche. Mais les réglements n'y concernent que l'aspect matériel des choses, les carrières des chercheurs, les promotions, etc. L'orientation de la recherche elle-même ne fait plus tellement l'objet d'une recherche de critères très sérieuse.

Un déterminisme, essentiellement sociologique, y joue. Les recherches que mènent les gens — je pense à des disciplines comme la biologie — sont essentiellement dirigées par des traditions de laboratoire. Ceux-ci sont équipés, ont des « matériels », comme disent les biologistes. Une fois acquis locaux et matériels, on essaye de les rentabiliser en faisant des expériences. Mais c'est dans une certaine mesure l'équipement, le matériel, qui détermine l'expérience, et non une théorie sous-jacente.

La situation n'est-elle pas quelque peu différente en physique fondamentale ?

Si, certainement, parce que là, les frais engagés sont si considérables qu'il faut fournir une justification théorique pour que la société consente à engager de telles sommes. C'est différent de ce qui se passe pour la recherche spatiale : cela parle aux gens, l'espace. Envoyer une sonde comme *Voyager*, qui prend des photographies proches des planètes, que l'on peut voir par la suite, et dont on peut apprécier les qualités, qui vous parlent, cela satisfait... tandis que construire un énorme accélérateur de trente kilomètres de diamètre, capable de mettre en évidence telle ou telle particule, cela peut intéresser les spécialistes, mais personne d'autre, ou presque. Il sera difficile de faire comprendre au grand public de quoi il retourne.

Et cependant, vous qualifiiez la mécanique quantique de « scandale intellectuel du XXe siècle »...

J'ai l'impression que si l'on avait consacré autant d'argent à rendre la mécanique quantique intelligible qu'on en a consacré à la construction des grands accélérateurs, on serait très probablement parvenu à trouver un modèle intellectuellement satisfaisant pour l'expliquer. C'est peut-être une hypothèse gratuite, mais il me semble que les spécialistes se sont dit : « Nous avons une théorie qui fonctionne ; n'allons pas au-delà, et ne cherchons pas à regarder plus finement que ce qui est donné par le formalisme. ».

Une théorie qui fonctionne, c'est une théorie qui permet de prévoir correctement un certain nombre de choses ?

C'est une théorie qui, en quelque sorte, crée sa propre expérimentation, par une sorte de générativité interne du formalisme. Elle est donc difficilement attaquable du point de vue scientifique habituel. Nous en sommes au point où les physiciens ont besoin de théories pour pouvoir fabriquer réellement des phénomènes que l'on puisse effectivement contrôler. C'est le cas de la mécanique des hautes énergies, des particules élémentaires. C'est d'ailleurs un cas scientifique assez curieux : les gens semblent poursuivre une théorie dans le but, essentiellement, de justifier les expériences. Cette expérimentation devient si coûteuse qu'il faut nécessairement qu'il y ait une théorie derrière. On n'accepterait pas que l'humanité dépense de telles sommes pour la seule satisfaction de quelques individus. La biologie, de ce point de vue, ne présente pas les mêmes problèmes : c'est une discipline qui ne coûte pas tellement. C'est pourquoi elle n'a pas besoin de théorie : on peut s'en passer pour expérimenter, sans parler d'éventuelles retombées pour la clinique.

Que voulez-vous dire alors exactement lorsque vous dites que la science a renoncé à l'intelligibilité ?

Je dis simplement que si l'on réduit la science à n'être qu'un ensemble de recettes qui marchent, on n'est pas intellectuellement dans une situation supérieure à celle du rat qui sait que lorsqu'il appuie sur un levier, la nourriture va tomber dans son écuelle. La théorie pragmatiste de la science nous ramène à la situation du rat dans sa cage.

Mathématiciens et physiciens se dégagent-ils de ce constat ?

A la décharge des physiciens, il faut dire qu'ils ont fait des efforts pour synthétiser les diverses « recettes ». Elles sortent toutes d'un certain nombre de principes qui s'expriment mathématiquement : la mécanique newtonienne, la mécanique quantique, la mécanique relativiste. Des principes ont été dégagés à partir desquels on peut, au moins théoriquement, déduire des lois qui s'appliquent aux divers phénomènes. Sur le plan de cette formalisation de la science, l'effort de synthèse correspond à un effort métaphysique, qui consisterait à dire que tout ce qui existe provient d'un dieu créateur et organisateur. Et c'est répondre à un besoin de l'esprit : le besoin d'unification est un besoin fondamental de l'esprit.

Et les autres disciplines ?

Les autres disciplines ne sont pas intellectuellement difficiles. La science, à gros traits, n'est pas intellectuellement difficile. Aussi surprenant que cela puisse vous paraître, à part la mathématique et la physique théorique, la science n'est pas intellectuellement difficile.

Vous m'avez dit que vous considériez la philosophie comme quelque chose qui n'est pas simple, tandis que l'éthique l'est. Vous avez dit que les vrais problèmes ne sont pas ceux où tout le monde se sent concerné.

Je ne suis pas convaincu que l'éthique appartienne à la philosophie. On vit encore dans cette vieille idéologie du rapport entre philosophie et sagesse. Ce n'est pas entièrement erroné de penser que la philosophie doit conférer une certaine sagesse, et c'est peut-être là sa seule justification...

Il est certain que les Anciens considéraient l'acquisition du savoir comme essentiellement une marche vers la sagesse. Cette idée ne doit pas être complètement abandonnée. Un savoir réellement conscient et bien assimilé peut, je le pense, constituer une armature qui permet d'accéder à une certaine sagesse. Mais lorsque l'on parle d'éthique, on pense à des problèmes concrets : l'avortement, l'utilisation des embryons, certaines thérapeutiques médicales, des choses de ce genre. Il est très difficile de prendre position sans avoir une doctrine, qui relève de la morale...

L'information que peut donner la science ou la philosophie devant ces questions n'est pas vraiment fondamentale. Elle peut apporter une appréciation des contraintes auxquels les faits sont soumis, et aussi des bénéfices qu'on peut en tirer. En somme, une sorte de bilan comptable... Le malheur est que les choses sont complexes, et qu'un nouvel élément apparaît toujours, qui ruine complètement les attentes que l'on avait et le bienfondé des positions adoptées...

Une carte du sens...

A l'époque de « gloire » de la théorie des catastrophes, j'ai déjeuné avec le docteur Lacan. Le Maître m'avait invité, et il m'a fait parler d'abondance tout au long du repas, sur mes conceptions des mathématiques, sur ma carrière, sur mon évolution en matière d'idées mathématiques, sur mes rapports au « mathème ». Je ne sais pas très bien ce que c'était que le « mathème » !... Et lui n'a pratiquement rien dit. A la fin du repas, j'ai utilisé une formule qui l'a fait réagir. Je lui ai dit : « Ce qui limite le vrai, ce n'est pas le faux, c'est l'insignifiant ». Il a alors pris un air songeur et il a dit : « Cela me retient, cela me retient. » Voilà : j'avais « retenu » le Maître... Cette formule, que j'ai cherché à expliciter dans un article, je ne peux mieux l'expliquer qu'en ayant recours à un dessin, une sorte de « carte du Tendre ».

En bas, on trouve un océan, la mer de l'Insignifiance. Sur le continent, le vrai est d'un côté, et le faux de l'autre, séparés par un fleuve, le fleuve du Sens. Car c'est bien le sens qui sépare le vrai du faux. C'est l'idée d'Aristote : la capacité de nier. Elle nous sépare des animaux : pour eux, lorsqu'une information leur est transmise, elle est immédiatement acceptée, et elle suscite une obéissance à la consigne. L'homme, au contraire, a la possibilité de prendre du recul et de nier le vrai.

En suivant ce fleuve, qui se jette dans la mer de l'insignifiance, on longe une côte un peu concave : ce sont les bas-fonds de l'Ambiguïté d'un côté et les marais de La Palice de l'autre. Au sommet du delta du fleuve, nous voyons la forteresse de la Tautologie : c'est là que règnent les logiciens. Une rampe permet de monter vers un petit temple, une sorte de Parthénon : c'est la Mathématique. A droite, les sciences exactes : l'Astronomie, avec son observatoire qui domine le temple, presque dans les montagnes qui ceinturent le bassin ; à l'extrême droite, les grandes machines des physiciens, les anneaux du CERN, les laboratoires de la biologie où l'on voit des animaux en cage ; de tout cela sort un petit ruisseau qui se jette dans le torrent des Sciences expérimentales, lequel va se jeter dans la mer de l'Insignifiance. A gauche, une large allée monte vers le nord-est ; il atteint la cité des Lettres et des Arts. En poursuivant, on arrive au piémont des Mythes. Nous sommes dans le royaume des sciences anthropologiques. La chaîne de montagne, tout en haut, c'est l'Absurde. La crête figure la perte du sens des contraires, quelque chose comme un excès de sens universel, qui rend la vie impossible.

C'est un amusement, mais qui reflète quelque chose que je crois assez réel : le *logos*, la possibilité de représenter par le langage, ne joue pour l'homme que dans un cadre assez limité de situations, entre ce que j'appelle le cosmos et le chaos. Le cosmos sous sa forme la plus absolue, c'est le cimetière. Rien de plus tranquille, c'est le calme de l'insignifiance, le néant de l'insignifiance. En haut, au contraire, c'est le chaos du déferlement des forces cosmiques. Elles sont toujours présentes, à nous menacer. En face de ces menaces, l'opposition vrai/faux disparaît. Du côté de l'insignifiance, comme disparaît au fond la vérité des axiomes en mathématiques. Ils deviennent des conventions. On peut en changer et l'axiome peut être considéré comme faux. On perd alors l'opposition vrai/faux par le maniement du contexte. Celui-ci est variable et l'opposition vrai/faux, finalement, disparaît dans l'insignifiance.

En haut, cette opposition disparaît assez abruptement sur cette chaîne de montagne, parce que c'est là que l'être humain est soumis au déchaînement des forces naturelles qui le menacent : il est obligé de réagir de manière immédiate. Si quelqu'un crie « Au feu ! » au cinéma, on ne se pose pas le problème de savoir si le message est vrai ou faux : il faut se comporter comme s'il était vrai, même s'il est faux... L'opposition vrai/faux, là aussi, disparaît. Cette opposition n'est réellement signifiante que dans la bande étroite qui est le bassin du fleuve du sens. En haut le chaos des forces naturelles ; en bas, la paix du néant ; entre les deux, une sorte de croissant que l'on peut renverser, et que l'on peut voir comme un canot flottant sur le bouillonnement des forces naturelles. En haut, le calme des cieux... éternel. En renversant le sens de l'axe, oy, la sérénité du néant.

Cela donne une idée assez précise du rôle du langage comme support de ce que Heidegger appelle le souci. Il dit que l'existence est liée au sentiment d'inquiétude, au besoin que nous avons de réagir au danger qui nous menace. C'est peut-être une présentation trop concrète pour un métaphysicien, mais c'est assez réel. Le *logos* existe seulement dans cette zone où règne le danger, mais celui-ci peut être conceptualisé, et donc traité en fonction de connaissances antérieures et, du même coup, neutralisé. Puis, lorsque l'on va un peu plus haut dans l'abstraction, on fabrique des entités linguistiques qui n'ont plus de correspondant dans le réel, qui donc ne nous menacent plus du tout, et cela devient un jeu de langage, de la logique, la tautologie, une certaine philosophie, ou plutôt une certaine épistémologie. Là, le fleuve du sens traverse la forteresse de la tautologie, par les égouts. On ne le voit plus... mais, à la surface, cela sent mauvais parfois.

Ma première question, pour cette série d'entretiens, était : quelle a été votre motivation en devenant mathématicien ? Ma dernière question sera : qu'est-ce qui vous motive aujourd'hui ? Qu'avez-vous envie de faire ? Quel rôle aimeriez-vous jouer, en particulier pour parvenir à une meilleure compréhension du monde ?

Je suis tenté de vous répondre que je n'ai jamais eu envie de jouer un « rôle ». Je crois que cela n'a jamais été mon projet. Et s'il est arrivé que j'ai pris des positions parfois controversées (et même parfois un peu provocantes), c'est moins par envie de participer à l'action que parce que ma sensibilité a toujours été vive à la malhonnêteté intellectuelle. Et il me semble que les exemples ne manquent pas. Il m'est alors difficile de ne pas réagir.

Pour le reste, je n'ai pas de projets. Je ne suis pas sûr d'en avoir jamais eu... Je n'ai jamais pensé construire ma vie de telle ou telle façon. Je me suis laissé pousser par les événements. Les sujets d'intérêt ne me manquent pas ! Mais je ressens cela comme une sorte de milieu nourricier. Ce n'est pas l'objet d'un choix délibéré.

Il y a beaucoup de questions autour desquelles je tourne. Parmi elles, quelques questions de mathématiques que j'aimerais voir résolues dans les années qui me restent à vivre. Il s'agit peut-être essentiellement de curiosité.

Quant à la situation générale de l'humanité sur la planète, je pense comme tout le monde qu'il faudrait en arriver le plus rapidement possible à la croissance zéro, pour parvenir à rétablir un équilibre à peu près satisfaisant, comme celui des sociétés primitives qui vivaient dans un environnement qu'elles ne gâtaient pas... Il faudrait, comme le disait Lévi-Strauss, « refroidir » notre humanité, la transformer à l'état de société froide. Elle serait peut-être moins excitante qu'une société chaude, mais enfin... J'ai fait cette remarque à beaucoup de gens : les économistes semblent convaincus qu'il faut nécessairement qu'il y ait de l'expansion en économie. Si elle est stationnaire ou régresse, les choses vont mal. J'ai l'impression que nos sociétés ont essayé de contourner le problème en créant des biens fictifs et des productions fictives, mais qui ont un prix, et auxquels l'humanité tient. On développe donc une production, mais avec des biens qui ont davantage un caractère psychique ou affectif.

Alors, la méditation ?

La méditation ? Oui, d'accord. C'est très beau. Mais la méditation seule !... il me semble qu'il faut parvenir à l'état d'individu unique, à une degré d'ascétisme que personnellement je n'ai jamais atteint. En fait, j'aime bien présenter le peu d'idées que je peux avoir, et j'aime les réactions qu'elles suscitent. Je souffre davantage de l'absence de réactions, même désagréables, même critiques, que du silence.

Mais il est normal finalement que les idées importantes ne soulèvent pas beaucoup d'échos. Nietzsche disait : « Les idées neuves arrivent toujours sur des pattes de colombe... »

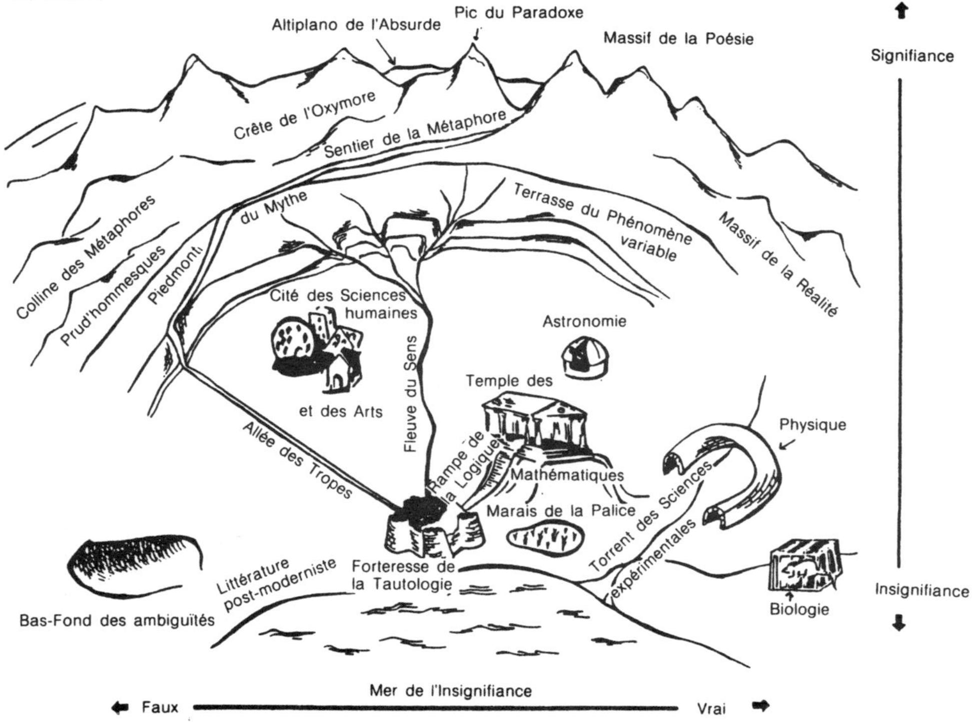
Altiplano de l'Absurde
Pic du Paradoxe
Massif de la Poésie
Signifiance
Crête de l'Oxymore
Sentier de la Métaphore
du Mythe
Terrasse du Phénomène variable
Massif de la Réalité
Colline des Métaphores
Prud'hommesques
Piedmont
Cité des Sciences humaines et des Arts
Astronomie
Fleuve du Sens
Temple des Mathématiques
Allée des Tropes
Rampe de la Logique
Physique
Marais de la Palice
Torrent des Sciences expérimentales
Forteresse de la Tautologie
Littérature post-moderniste
Bas-Fond des ambiguïtés
Biologie
Insignifiance
Mer de l'Insignifiance
Faux
Vrai

LEXIQUE

Le lexique, textes et dessins, est l'œuvre de Alain Chenciner, professeur à l'université Paris VII.

Bien que définies sur des **variétés** de toutes dimensions, les notions examinées dans ce lexique ne sont illustrées que dans le cas des surfaces, et même des surfaces plongées dans l'espace euclidien $\mathbb{R}^3$ par lequel les mathématiciens caricaturent l'espace à trois dimensions dont nous avons la pratique quotidienne. Deux exceptions sont respectivement la description de la **sphère topologique** de dimension trois (voir **structure fibrée**) et celle de l'hypercube de dimension quatre (voir **produit**). Enfin, les **fonctions** considérées sont toujours des fonctions « altitude », c'est-à-dire la restriction à une surface plongée dans $\mathbb{R}^3$ d'une fonction « coordonnée » sur $\mathbb{R}^3$, disons la fonction $(x_1, x_2, x_3) \rightarrow x_3$. C'est alors la complexité du plongement de la surface qui traduit la complexité de la fonction.

Il est conseillé de regarder les dessins et de ne lire le commentaire qu'en dernier ressort. On notera qu'afin de ne pas illustrer un exercice fameux de l'Oulipo, on s'est permis dans chaque article d'utiliser sans paraphrase les mots définis dans les autres (1).

Variété

Généralise les notions de courbe et de surface : c'est un « espace » qui ressemble localement, mais localement seulement, à l'espace à *n* dimensions $\mathbb{R}^n$ (voir **produit**). Une variété peut être définie par un **atlas** formé de **cartes** qui décrivent une partie ressemblant à (un morceau de) $\mathbb{R}^n$ et définissent des **coordonnées locales** (figure 1).

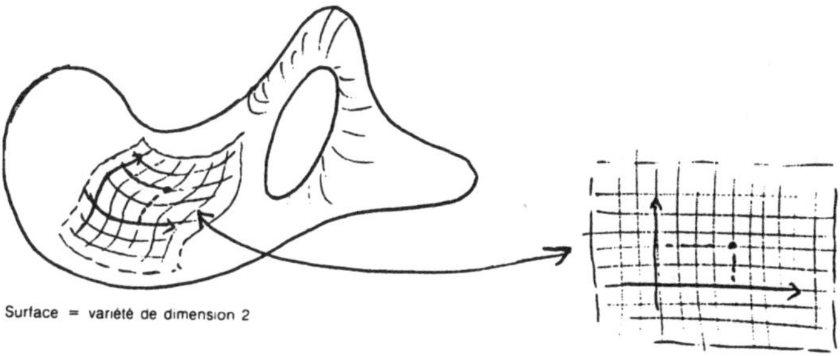

Figure 1

Suivant la nature (simplement continue ou bien *k* fois différentiable) des applications faisant passer d'une carte à une autre, on parle de variété **topologique** ou **différentielle de classe C^k**. Ces dernières possèdent un calcul différentiel qui globalise celui de $\mathbb{R}^n$.

Une variété peut ou non avoir un **bord** qui est une variété sans bord de dimension d'une unité inférieure (la relation « *le bord d'un bord est vide* » est la relation fondamentale de la « *topologie algébrique* ») (figure 2).

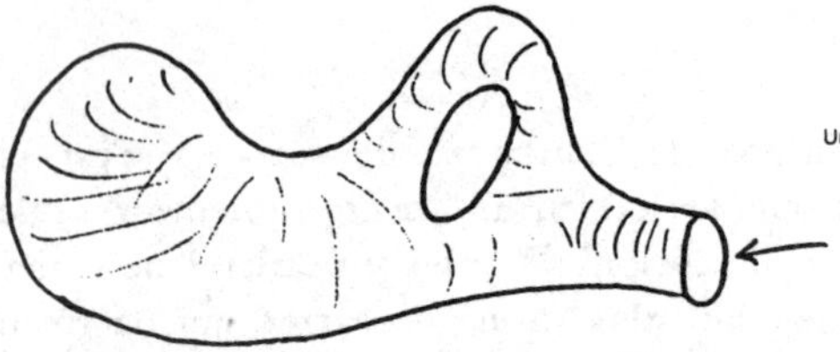

Figure 2

*Sphère topologique (resp. différentielle) de dimension **n***

Variété pouvant, après une éventuelle déformation continue (resp. différentiable), être appliquée sur la sphère « standard » S^n, ensemble des points situés à la distance unité de l'origine dans l'espace euclidien $\mathbb{R}^{n+1}$ à (n + 1) dimensions (chaque point de S^n est repéré par (n + 1) nombres réels (x_1, x_2,..., x_{n+1}) tels que $\Sigma_{i=1}^{n+1}\ x_i^2 = 1$). S^n est le bord du « disque » D^{n+1} de dimension n + 1, ensemble des points à une distance $\leqslant 1$ de l'origine dans $\mathbb{R}^{n+1}$ (figure 3).

Figure 3

Le bord d'un cube est une sphère topologique de dimension 2 et le cube lui-même un disque topologique de dimension 3. Une « projection stéréographique » fournit une « carte » (voir **variété**) du complémentaire du point de projection, et permet donc d'écrire S^n comme union de $\mathbb{R}^n$ et d'un point, souvent noté ∞ (figure 4).

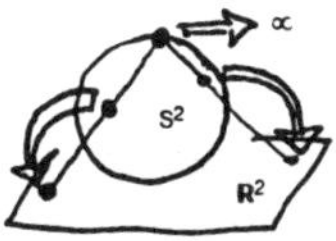

Figure 4

Exercice (voir ***produit*** et, pour S^3, ***structure fibrée***) (figure 5)

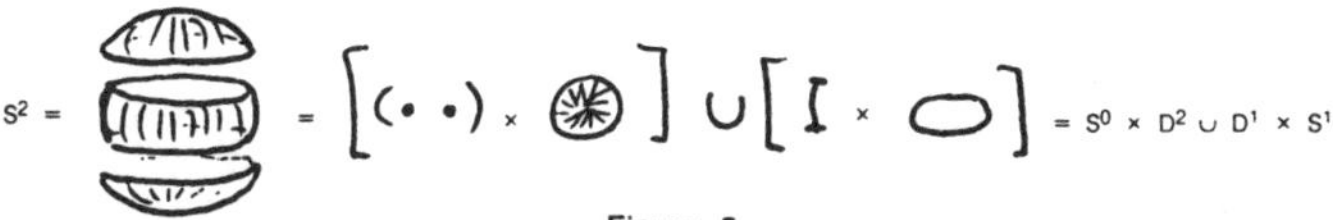

Figure 5

De même, S^3 est obtenue en recollant deux « tores pleins » sur leur bord (on recolle les parallèles de l'un aux méridiens de l'autre) :

$S^3 = S^1 \times D^2 \cup D^2 \times S^1$

Produit de deux variétés (figure 6)

Dans le produit A × B de deux **variétés** A et B, chaque point est repéré par des « coordonnées généralisées » (a, b),

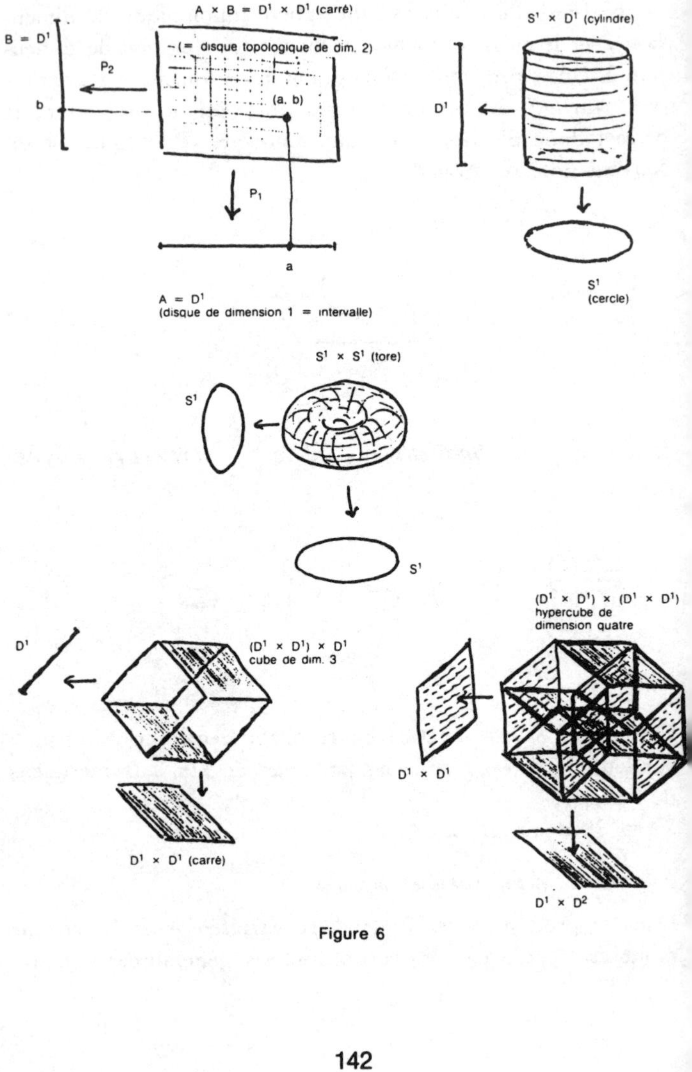

A × B = D¹ × D¹ (carré)
(= disque topologique de dim. 2)
B = D¹
P2
b
(a, b)
P1
a
A = D¹
(disque de dimension 1 = intervalle)
S¹ × D¹ (cylindre)
D¹
S¹
(cercle)
S¹ × S¹ (tore)
S¹
S¹
D¹
(D¹ × D¹) × D¹
cube de dim. 3
D¹ × D¹ (carré)
(D¹ × D¹) × (D¹ × D¹)
hypercube de
dimension quatre
D¹ × D¹
D¹ × D²

Figure 6

couple d'un élément *a* de A et d'un élément *b* de B. Les applications P_1 : (a, b) → a et P_2 : (a, b) → b sont appelées première et deuxième « projection ».

Itérée, cette construction fournit des espaces de « dimension » arbitrairement grande, en particulier $\mathbb{R}^n$ où chaque point est repéré par *n* coordonnées appartenant à la droite $\mathbb{R}$. Bien entendu, la même définition vaut pour le produit de deux ensembles quelconques.

Structure fibrée (ou fibration)

Ressemble localement à un **produit** mais peut avoir une « torsion globale » (figure 7).

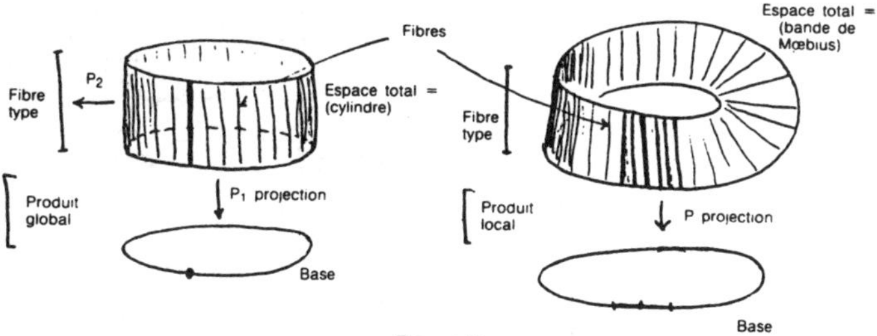

Figure 7

On notera que, dans le cas de la bande de Mœbius, il n'existe pas d'analogue continu de la deuxième projection P_2. Cependant, si on enlève une fibre quelconque, une telle projection existe et on obtient à nouveau un **produit** (le vérifier avec des ciseaux).

En considérant la **sphère topologique** de dimension trois S^3 comme bord du « complexifié » (ça, c'est pour les initiés !)

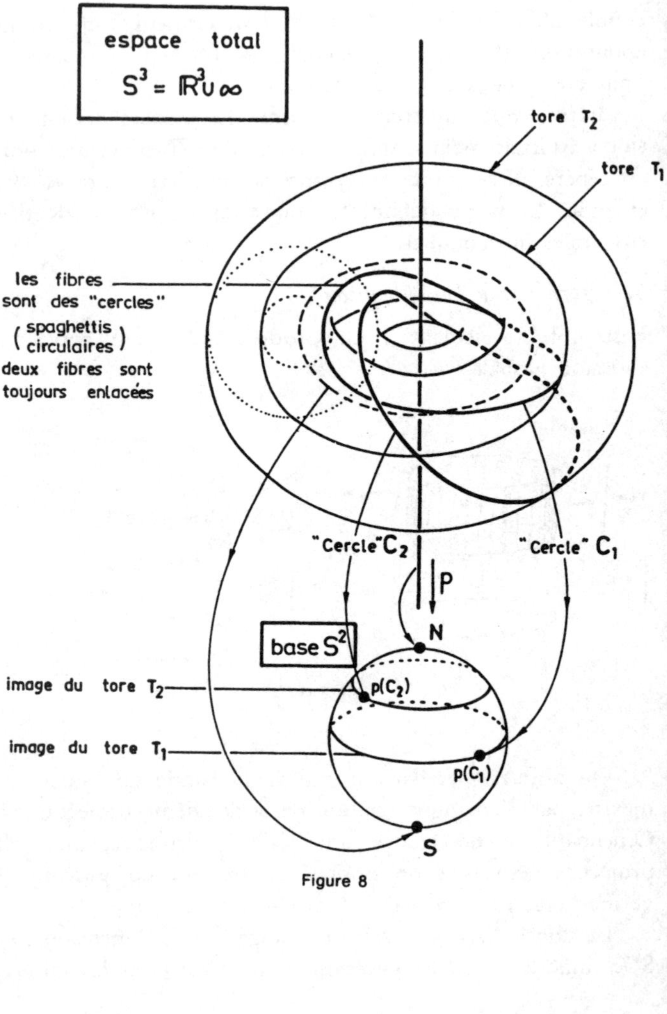
espace total
$S^3 = \mathbb{R}^3 \cup \infty$
tore T_2
tore T_1
les fibres sont des "cercles" (spaghettis circulaires) deux fibres sont toujours enlacées
"Cercle" C_2
"Cercle" C_1
P
N
base S^2
image du tore T_2
$p(C_2)$
image du tore T_1
$p(C_1)$
S

Figure 8

du ruban de Mœbius, on obtient la **fibration de Hopf** ou comment remplir cette sphère avec des spaghettis circulaires. La base est une **sphère topologique** de dimension deux S^2. La réunion des fibres dont la projection sur la base appartient à un même parallèle est un tore sur lequel ces fibres sont des « cercles de Villarceau » faisant un tour du tore dans chaque direction. La réunion de ces tores remplit le complémentaire dans $S^3 = \mathbb{R}^3 \cup \infty$ des deux fibres qui se projettent respectivement sur le pôle Nord (la droite verticale à laquelle s'ajoute le point ∞) et le pôle Sud (le cercle horizontal).

Là aussi, il suffit d'enlever une fibre pour obtenir un produit, mais ce fait est loin d'être général (figure 8).

Tore

le **produit** de deux cercles (= sphères topologiques ou différentielles de dimension 1). Un cercle topologique pouvant être obtenu par recollement des extrémités d'un segment, on obtient le mode de fabrication suivant d'un tore à partir d'un rectangle (figure 9).

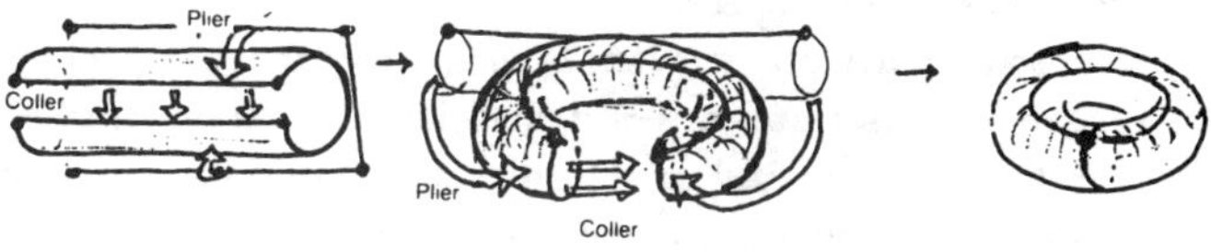

Figure 9

Bien entendu, on aura de petits problèmes de « plis » et de « fronces » dus à la courbure.

Le tore $S^1 \times S^1$ est le bord du « tore plein » $S^1 \times D^2$ (ou celui de $D^2 \times S^1$).

Voici enfin différents plongements d'un tore dans l'espace à trois dimensions (figure 10).

Figure 10

Fonction de classe C^k sur une variété différentielle de classe C^k

Associe à chaque point x de la **variété** un nombre réel $f(x)$, la « valeur » de la fonction f au point x, de façon que, dans chaque « carte » d'un « atlas » (voir **variétés**), f soit représentée par une fonction de classe C^k sur $\mathbb{R}^n$, c'est-à-dire une fonction bien approchée au voisinage de chaque point par un polynôme à n variables de degré k.

L'ensemble des points ayant la même valeur est une « ligne de niveau » (penser aux cartes d'Etat-major où sont représentées les lignes de niveau de la fonction « altitude par rapport au niveau de la mer » ; comme nous l'avons dit en exergue, c'est toujours ce type de fonctions que nous représenterons) (figure 11).

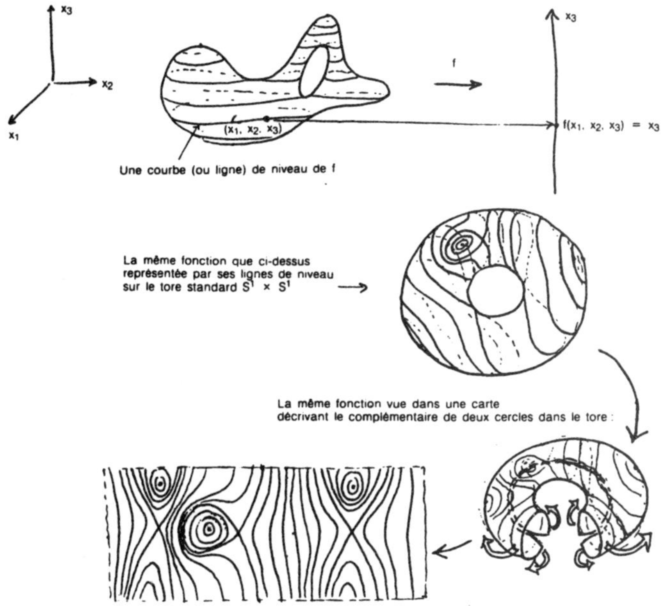

Figure 11

Points critiques (ou singularités) d'une fonction de classe $C^{k \geqslant 2}$ sur une variété ; fonctions de Morse

Reprenant la fonction de l'article **fonction,** représentons-la, comme R. Thom aime à le faire, après rotation de 90° : on cherche à projeter, à appliquer (application est synonyme de fonction) la surface sur une portion de droite. Les **points critiques** sont les points de résistance, les points où « ça crie », ceux où les lignes de niveau subissent un changement qualitatif, ceux au voisinage desquels f refuse d'être une **fibration.**

Sur l'exemple, ce sont ceux où le plan tangent à la surface est parallèle au plan x_1 O x_2 (figure 12), (penser à une application

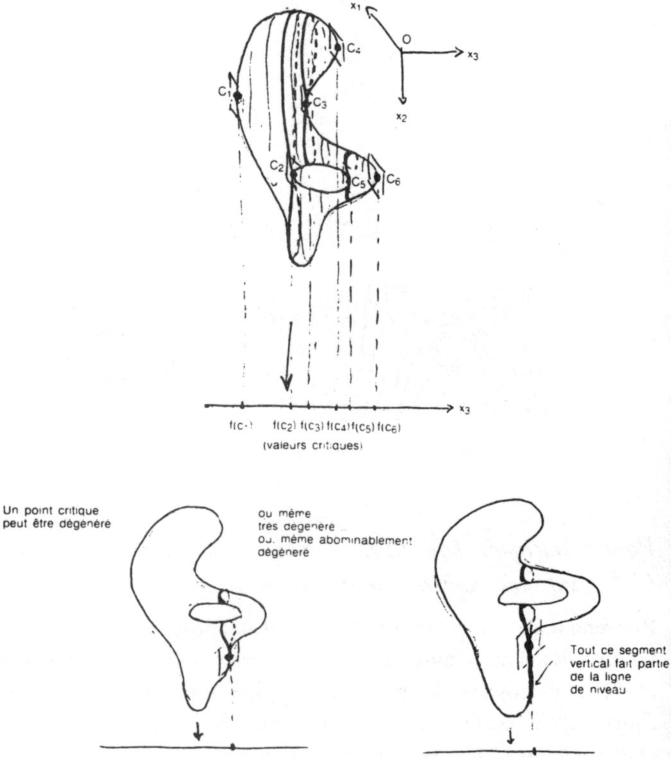

Figure 12

constante, appliquant toute la variété sur un même point), mais une légère « perturbation » de la fonction permet de se ramener au cas où, comme dans l'exemple que nous avons choisi, tous les points critiques sont « non dégénérés » (on dit alors que f est une **fonction de Morse**). Cela signifie qu'au voisinage de chacun d'eux, f ressemble à un polynôme de degré 2 (c'est pour ça que f doit être au moins de classe C^2) qui, dans le cas d'une surface, doit être de l'un des trois types suivants (on a utilisé comme « carte » — voir **variété** — au voisinage du point critique la projection π de la surface sur le plan x_1 O x_2 ; la surface devient donc localement le « graphe » de l'avatar g $= f_0\, \pi^{-1}$ de f dans cette carte) (figure 13).

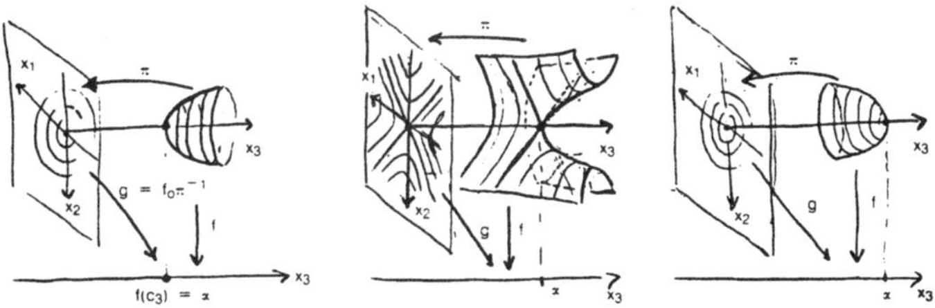

Minimum local : $g(x_1, x_2) = \alpha + x_1^2 + x_2^2$

Col : $g(x_1, x_2) = \alpha - x_1^2 + x_2^2$

Maximum local : $g(x_1, x_2) = \alpha - x_1^2 - x_2^2$

Figure 13

(Pour simplifier l'écriture, on a supposé que la projection du point critique sur le plan x_1 O x_2 était l'origine, ce à quoi on peut toujours se ramener par translation).

Exercice : voir qu'en un point « régulier » (c'est-à-dire non critique) un modèle local est simplement la projection

$g(x_1, x_2) = x_1$, alors que dans notre premier exemple de point critique dégénéré, un modèle local est
$g(x_1, x_2) = \alpha - x_1^2 - x_2^3$. Vérifier que suivant le signe de $\varepsilon \neq 0$, $g(x_1, x_2) = \alpha - x_1^2 - x_2^3 + \varepsilon x_2$ a 0 ou 2 points critiques, tous non dégénérés **(figure 14)**.

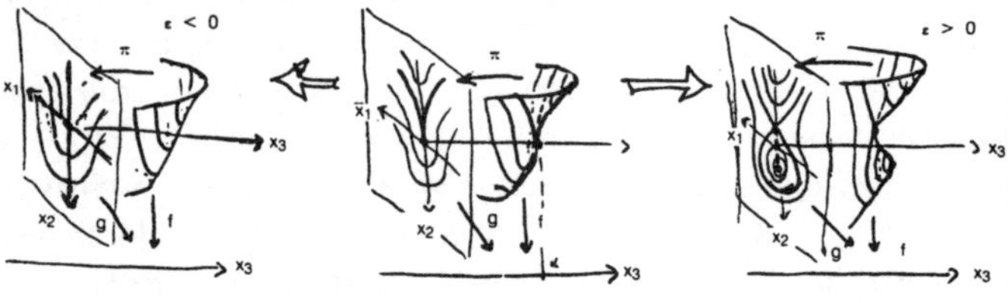

Figure 14

Lignes de gradient et indice des points critiques non dégénérés

Dans le cas d'une fonction « altitude », ce sont les « lignes de plus grande pente », orientées dans le sens des altitudes crois-

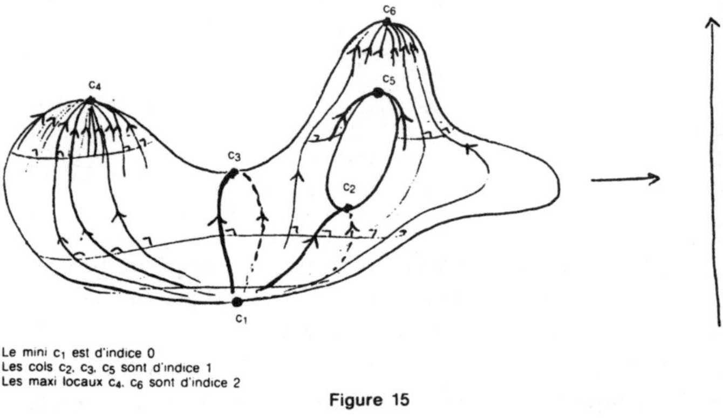

Le mini c_1 est d'indice 0
Les cols c_2, c_3, c_5 sont d'indice 1
Les maxi locaux c_4, c_6 sont d'indice 2

Figure 15

santes, suivant lesquelles la fonction augmente le plus rapidement. Le fait qu'elles soient perpendiculaires aux lignes de niveau montre qu'une mesure des longueurs sur la surface sous-tend cette notion (ici, c'est la longueur euclidienne d'une courbe sur la surface considérée comme une courbe dans $\mathbb{R}^3$).

L'union des lignes de gradient qui aboutissent en un point critique non dégénéré est un **disque topologique** (voir **sphère topologique**) privé de son bord (voir **Théorie de Morse à la Thom**). La dimension de ce disque est l'**indice** du point critique. Quant au disque, on l'appelle **cellule de Thom** ou **nappe descendante** du point critique (figure 15, page 140).

Le remplacement de f par $-f$ change un indice i en $2-i$ et les nappes descendantes en nappes ascendantes.

Théorie de Morse à la Morse

Développée à partir de 1925 par Marston Morse, en partie inspiré par des travaux de Georges-David Birkhoff. Il s'agit de tirer autant de renseignements que possible sur la « topologie » (c'est-à-dire la forme globale) d'une **variété différentielle,** de la connaissance d'une **fonction de Morse** sur cette variété.

Le cœur de la théorie est fourni par les **inégalités de Morse** qui, dans le cas d'une surface, s'écrivent :

$m_0 \geqslant b_0$,

$m_1 - m_0 \geqslant b_1 - b_0$,

$m_2 - m_1 + m_0 = b_2 - b_1 + b_0$.

m_i est le nombre de points critiques d'indice i et les b_i sont les « nombres de Betti » de la surface : b_0 est le nombre de morceaux (1 pour le tore ou la sphère), b_1 est le double du nombre de « trous » (ou genre) (0 pour une sphère, 2 pour un tore, plus de 2 pour un bretzel), et b_2 est égal à b_0 si la surface n'a pas de bord et est « orientable » (c'est-à-dire ne contient pas de ruban de Mœbius, ce qui est bien le cas du tore). Dans notre exemple favori, on a bien (figure 16) :

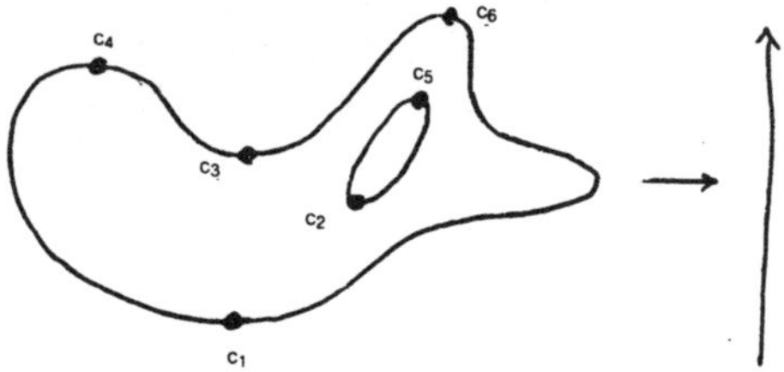

$$1 \geqslant 1$$
$$3 - 1 \geqslant 2 - 1$$
$$2 - 3 + 1 = 1 - 2 + 1$$

Figure 16

La quantité $b_2 - b_1 + b_0$ est la « caractéristique d'Euler-Poincaré » de la surface (2 pour la sphère, 0 pour le tore). Elle s'écrit aussi $t_2 - t_1 + t_0$ où t_0 est le nombre de sommets, t_1 le nombre d'arêtes, t_2 le nombre de faces (triangles) d'une « triangulation » quelconque de la surface.

Théorie de Morse à la Thom

Décomposition en « cellules » (c'est-à-dire disques privés de leur bord) associée à une **fonction de Morse** sur une variété (voir **lignes de gradient**) (figure 17).

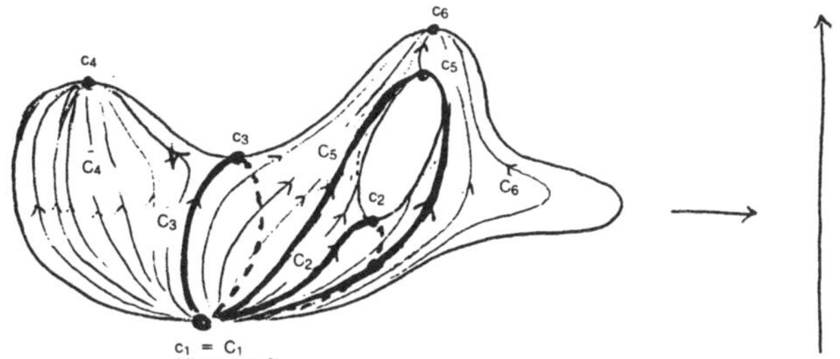

Figure 17

C_i est la cellule associée au point critique c_i. Pour voir les cellules, il est commode de découper le tore suivant les **cercles**

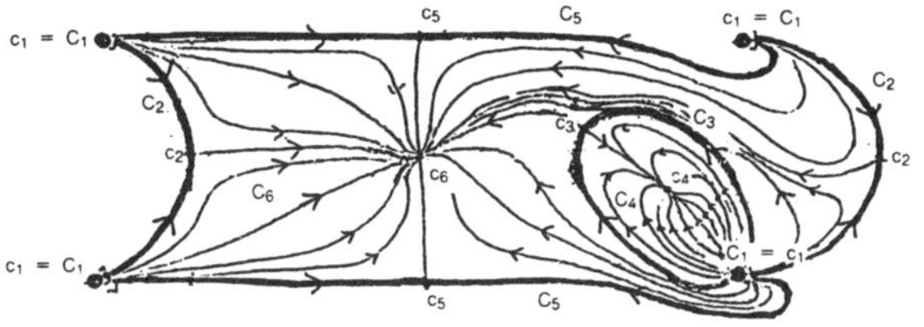

Remplaçant f par − f, on obtient la décomposition de Thom « duale »

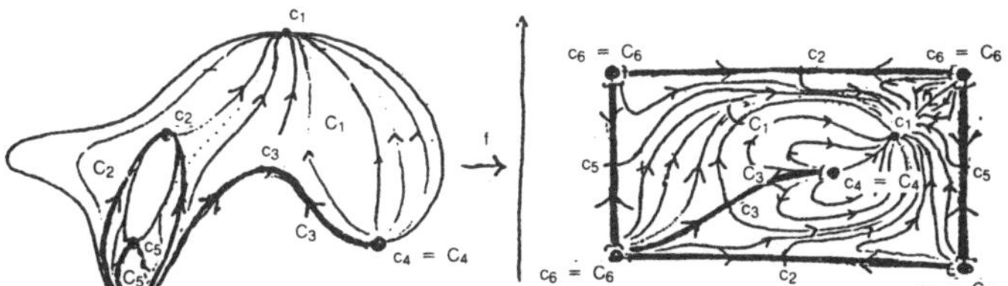

(découpage suivant $C_2 \cup c_6$ et $C_5 \cup c_6$)

Figure 18

topologiques $C_2 \cup c_1$ et $C_5 \cup c_1$ (comparer à **tore** et **fonction de classe C^k**) (figure 18).

Théorie de Morse à la Smale

On construit la variété en ajoutant des **anses** successives, collées sur le bord de ce qui est déjà construit. C'est ce point de vue qui a conduit Smale à démontrer au début des années soixante la *Conjecture de Poincaré* en grande dimension : si une variété sans bord de dimension supérieure ou égale à six possède une fonction de Morse n'ayant que deux points critiques, c'est une **sphère topologique** (figure 19).

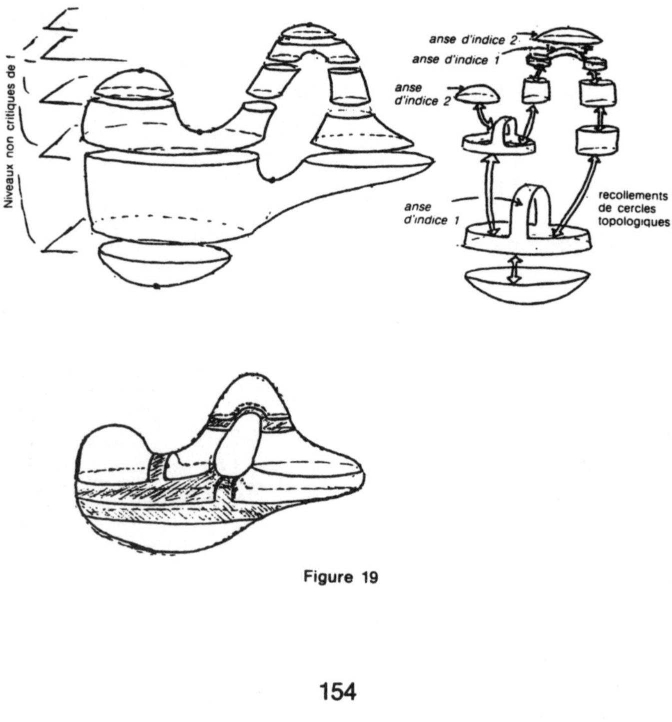

Figure 19

Cobordisme

Suivant Thom, c'est l'art d'arrondir les angles en toutes dimensions ; plus précisément, on part du « cône » sur une variété, union des segments joignant un point extérieur à un point de la variété et on essaie de transformer le résultat en variété (figure 20).

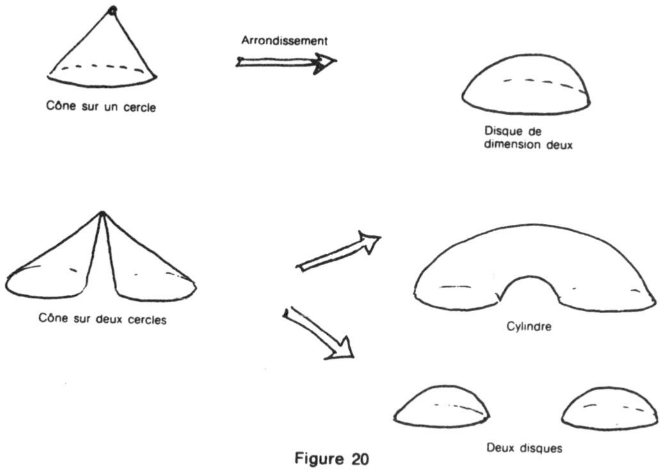

Figure 20

On dit que deux surfaces sans bord sont **cobordantes** s'il existe une variété de dimension trois dont le bord soit la réunion des deux surfaces. Les exemples ci-dessus sont des cobordismes respectivement entre un cercle et la surface vide $\emptyset$, et entre deux cercles et $\emptyset$.

Le cylindre peut se décomposer en un cobordisme entre deux cercles et un cercle, et un cobordisme entre un cercle et $\emptyset$ (figure 21).

Figure 21

Revoir dans cet esprit les figures de **théorie de Morse à la Smale** qui décomposent le tore en **cobordismes triviaux** (possédant une fonction sans point critique, constante sur chaque bord) et **cobordismes élémentaires** (possédant une fonction ayant un unique point critique, constante sur chaque bord).

Exercice : comment arrondir les angles du cône sur le tore ?

Singularités génériques

On a déjà vu ce que sont les singularités (ou **points critiques**) d'une fonction sur une **variété.** Plus généralement, on peut définir les **singularités** d'une application d'une variété dans une autre. Par exemple, une singularité d'une application d'une surface dans une autre est un point au voisinage duquel un système de **coordonnées locales** (voir **variété**) n'est pas envoyé sur un système de **coordonnées locales.**

Une singularité générique est une singularité en laquelle toute singularité peut être transformée par une perturbation arbitrairement petite. Les singularités génériques des fonctions sur les variétés sont les **points critiques non dégénérés** (voir les dessins à la fin de l'article **point critique**). Les singularités génériques des applications d'une surface sur une surface ont été étudiées par Whitney qui est l'un des inspirateurs de Thom (figure 22).

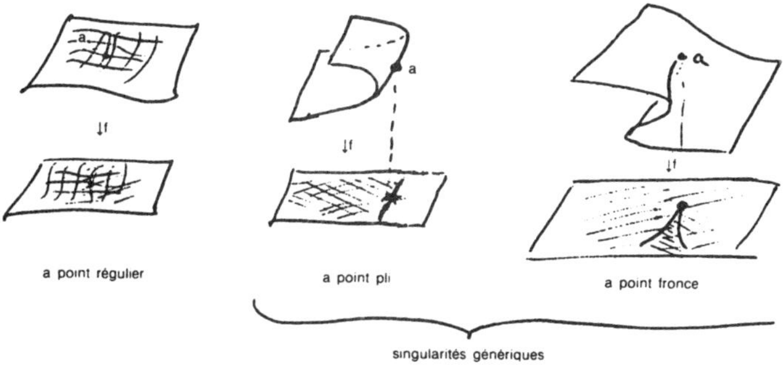

Figure 22

Pour les fonctions et les applications entre surfaces, les singularités génériques sont **structurellement stables :** une perturbation suffisamment petite ne les fait pas changer qualitativement (voir également l'article **objets analytiques**).

Théorie homologique

Théorie fournissant une mesure de la différence qui existe entre une situation globale et une situation locale.

Par exemple, un « petit » **lacet** (c'est-à-dire un **cercle topologique**) tracé sur une surface est le bord d'un **disque topologique.** Un « grand » lacet ne l'est pas forcément (figure 23).

A l'instar de la théorie du **cobordisme,** on peut déclarer « équivalents » deux lacets tracés sur la surface qui bordent un morceau de la surface (figure 24).

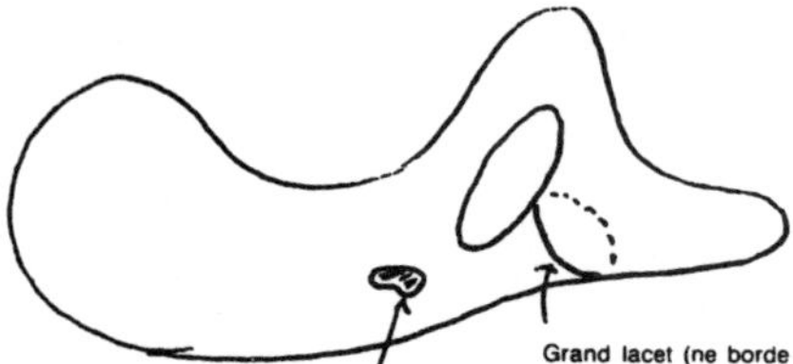

Figure 23

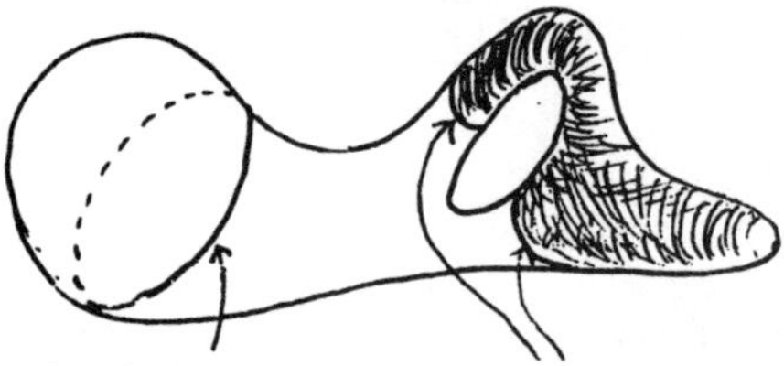

Figure 24

En modifiant légèrement les règles du jeu pour admettre des objets un peu moins réguliers, on définit des classes d'équivalence de lacets dont l'ensemble est le **premier groupe d'homologie** de la surface (groupe car, en mettant bout à bout des lacets, on peut les composer), dont le **rang** (en gros le nombre de classes « engendrant » le groupe) est le **premier nombre de Betti** b_1 (voir **Théorie de Morse à la Morse**).

Systèmes différentiels, dynamique de gradient, dynamique hamiltonienne (figure 25)

En suivant les courbes intégrales pendant un temps *t* donné, on définit une application φ_t de la surface sur elle-même. Si

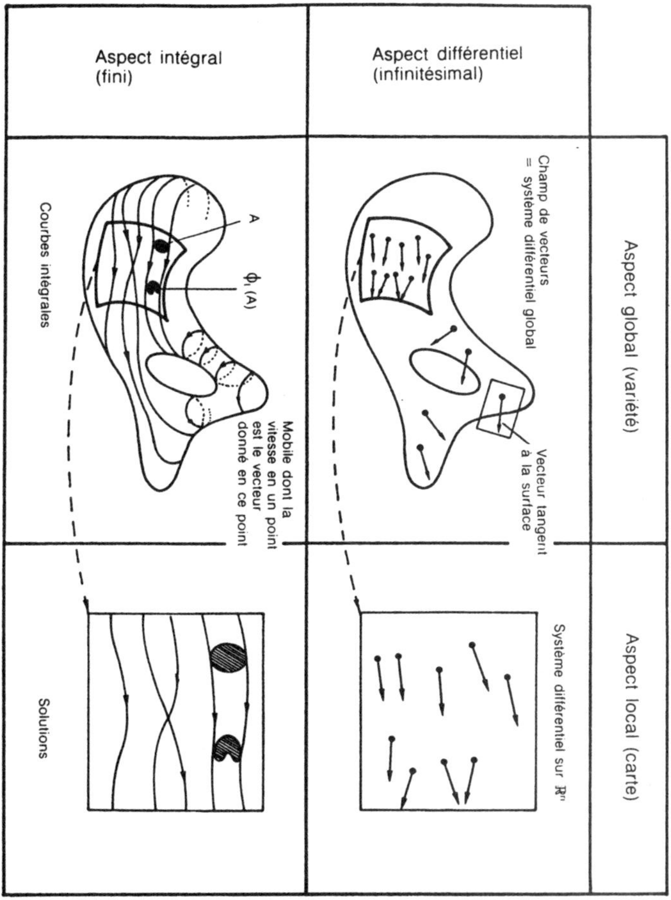
Aspect intégral
(fini)
Aspect différentiel
(infinitésimal)
Aspect global (variété)
Aspect local (carte)
Courbes intégrales
A
ϕ_t (A)
Mobile dont la vitesse en un point est le vecteur donné en ce point
Champ de vecteurs = système différentiel global
Vecteur tangent à la surface
Solutions
Système différentiel sur $\mathbb{R}^n$

Figure 25

l'on peut faire ça pour tout t, on obtient une famille d'applications φ_t appelée **le système dynamique** associé au champ de vecteurs donné.

Le monde des systèmes différentiels se partage en deux grands types :

— les systèmes **dissipatifs** dont le parangon est fourni par les **dynamiques de gradient** qui ont pour courbes intégrales les **lignes de gradient** d'une fonction (si cette fonction, ou plutôt son opposé, est pensée comme étant une « énergie », on voit que l'énergie se dissipe au cours du mouvement) (figure 26) ;

Figure 26

Figure 27

— les systèmes **conservatifs** (figure 27) dont l'exemple le plus important est fourni par les **dynamiques hamiltoniennes** obtenues à partir d'une dynamique de gradient en faisant tourner chaque vecteur de $\frac{\pi}{2}$: l'énergie f est alors conservée (cette description vaut pour des surfaces ; en dimension — paire — supérieure, la rotation de $\frac{\pi}{2}$ doit se faire dans différentes directions : c'est l'opération de **gradient symplectique**).

Exemple : le système hamiltonien qui décrit un couple d'**oscillateurs harmoniques** non couplés de même période a pour **variétés** d'énergie constante (f = constante) des sphères de dimension trois. Dans chacune de ces sphères, les courbes intégrales du système sont les fibres d'une **fibration de Hopf** (voir **structure fibrée**).

Pour un autre exemple, voir **géodésiques.**

C'est une partie de la vision de Thom que de considérer qu'un système différentiel général peut se décrire à deux niveaux : un niveau grossier du type gradient, et un niveau plus fin du type conservatif (voir également **bassins et attracteurs**).

Bassins et attracteurs

Un exemple de décomposition d'une variété en **bassins d'attracteurs** est fourni par la décomposition en cellules de Thom associée à une fonction de Morse. Le système différentiel est celui défini par le gradient de f, les attracteurs sont les maxima locaux (voir **lignes de gradient, systèmes différentiels, théorie de Morse à la Thom**). Les courbes intégrales des points appartenant à une cellule de dimension deux convergent vers le maximum local auquel est associée cette cellule. Plus généralement, les **attracteurs** sont des ensembles de courbes intégrales caractérisés par le fait que la courbe intégrale de (presque) tout point suffisamment voisin converge vers eux. Leur structure topologique est simple en dimension deux mais extrêmement complexe dès la dimension trois. Quant aux bassins des différents attracteurs, leurs frontières peuvent s'imbriquer de façon très complexe, et n'ont aucune raison de remplir toute la variété.

Boîte noire (figure 28)

Figure 28

BKW (Brillouin, Kramers, Wentzel)

Une méthode, datant de 1925, qui fournit des solutions asymptotiques d'équations différentielles ou aux dérivés partielles.

En anglais, WKB (sic !)

Principe de Heisenberg

Plus on éclaire un électron pour voir par quel trou il passe, plus on le bombarde de photons, ce qui le perturbe. Pour une merveilleuse description du principe d'incertitude qui interdit de mesurer simultanément avec une précision parfaite la position et la quantité de mouvement d'une particule, voir les *Feynman Lectures in Physics*, volume III.

Principe de Fermat

La lumière parcourt toujours un chemin qui réalise le minimum de « chemin optique » entre deux de ses points.

Exemple : la réfraction (figure 29).

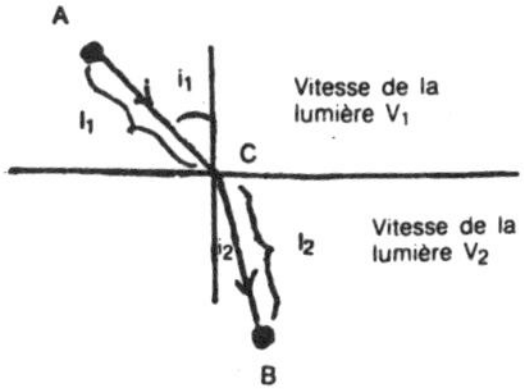

Exemple = la réfraction

$$\frac{l_1}{V_1} + \frac{l_2}{V_2} \text{ minimum} \Leftrightarrow \frac{\sin i_1}{V_1} = \frac{\sin i_2}{V_2}$$

Figure 29

Caustique

Enveloppe de rayons lumineux (figure 30).

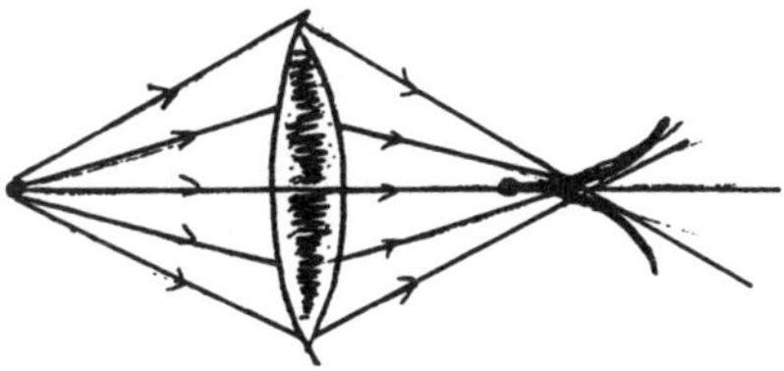

Figure 30

Comparer à la singularité « fronce » dans **singularités génériques.**

Explication : regarder la surface engendrée par les rayons lumineux lorsqu'on met chacun à une hauteur correspondant à son inclinaison : la caustique est le **contour apparent** de cette surface, image des **singularités** de la projection sur le plan horizontal (figure 31).

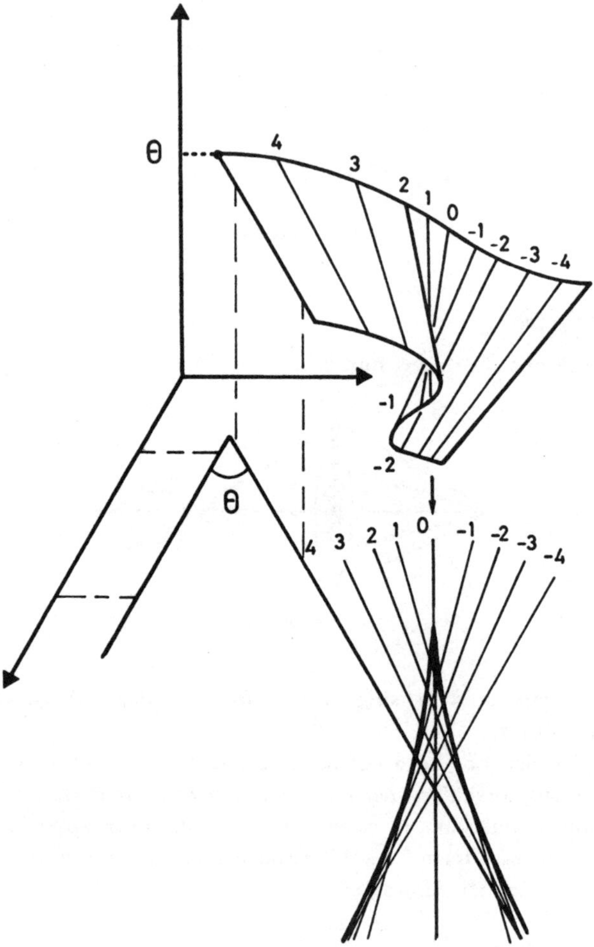

Figure 31

Métrique hyperbolique

Modèle de la géométrie de Lobatchevski dans lequel la mesure des longueurs est le « chemin optique » (voir **Principe de Fermat**) dans un demi-plan formé d'un empilement de bandes minces dans lesquelles la vitesse de la lumière est égale à leur altitude. Les **géodésiques** (c'est-à-dire les « droites » de la géométrie) suivies par la lumière, sont définies par la loi de la réfraction (figure 32).

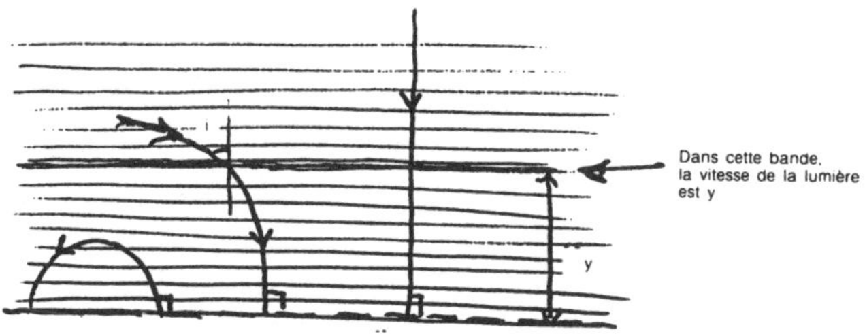

Figure 32

On vérifie facilement que ce sont des demi-cercles ou des demi-droites orthogonaux à la bande inférieure. Dans cette géométrie, une « droite » a une infinité de parallèles passant par un point donné. Un modèle **conforme** (c'est-à-dire dans lequel les angles sont conservés) de cette géométrie, obtenu à l'aide de deux projections stéréographiques, est le **disque de Poincaré** dans lequel les **géodésiques** sont les demi-cercles orthogonaux au bord et les diamètres (pour plus de détails, lire le très beau livre de Hilbert et Cohn-Vossen : *Geometry and the Imagination* dont nous adaptons la figure) (figure 33).

De même qu'on peut définir une **métrique plate** sur le **tore** en le décrivant comme un « rectangle » de $\mathbb{R}^2$ dont les

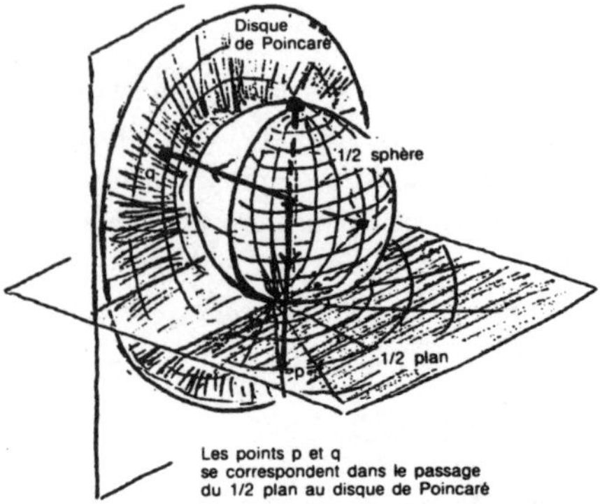

Figure 33

côtés sont identifiés deux à deux et en mesurant les longueurs comme dans $\mathbb{R}^2$ (attention, rien à voir avec la mesure des longueurs sur un tore de révolution héritée de $\mathbb{R}^3$), on peut définir une **métrique hyperbolique** sur le **tore à *p* trous** pourvus que p soit $\geqslant$ 2. Voici la recette pour un **tore à deux trous :** on part d'un « octogone hyperbolique régulier » dont la somme des angles aux sommets soit égale à 2 π (ça existe !) et on identifie les côtés deux à deux comme sur la figure. Les huit sommets deviennent un unique point, de même que les quatre sommets du rectangle deviennent un unique point du **tore ;** c'est ce qui nécessite la condition sur les angles. On comprend mieux le résultat de l'identification en partageant en deux l'octogone par une ligne pointillée : chaque moitié devient un tore « troué » ; le recollement des deux est un **tore à deux trous** (figure 34).

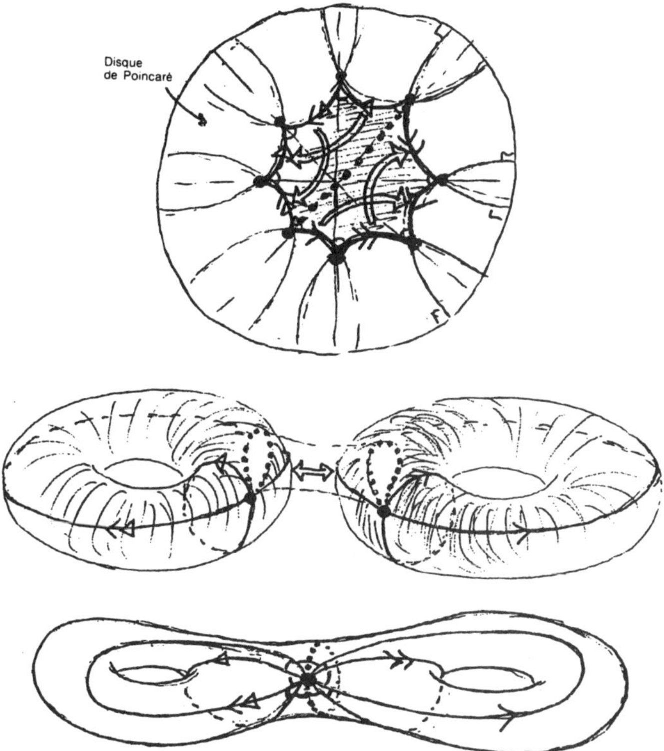

Figure 34

Les images des « droites » dans cette identification sont les **géodésiques** du tore à deux trous pour sa métrique hyperbolique. Leur comportement, dont l'étude a débuté à la fin du siècle dernier par les travaux de Hadamard et a été poursuivie en particulier par Morse, est d'une extrême complexité : la plupart passent arbitrairement près de n'importe quel point de la surface dans des directions arbitrairement proches de chaque direction possible. C'est l'exemple typique d'un **système ergodique.** Comme le note Thom avec beaucoup de justesse, il n'y a rien de « chaotique » là-dedans, mais au contraire une dynamique certes complexe mais parfaitement ordonnée et comprise !

Géodésiques sur une surface

Choisissons une « métrique » sur une surface, c'est-à-dire une façon de mesurer la longueur des courbes tracées sur la surface. Ce peut être la métrique « induite » par un plongement de la surface dans $\mathbb{R}^3$ où la longueur est celle mesurée dans $\mathbb{R}^3$, ce peut être une **métrique hyperbolique** sur un **tore à deux trous,** etc.

Une **géodésique** est alors une courbe γ tracée sur la surface qui possède la propriété suivante : étant donnés deux points a et b de γ suffisamment proches l'un de l'autre, la longueur de l'arc de γ compris entre a et b est inférieure ou égale à celle de tout arc tracé sur la surface entre a et b :

— les droites sont les géodésiques de la métrique « euclidienne » (c'est-à-dire ordinaire) sur $\mathbb{R}^2$;

— les grands cercles sont les géodésiques de la sphère ronde ;

— sur un tore de révolution muni de la métrique induite par $\mathbb{R}^3$, les géodésiques sont déjà assez complexes (figure 35).

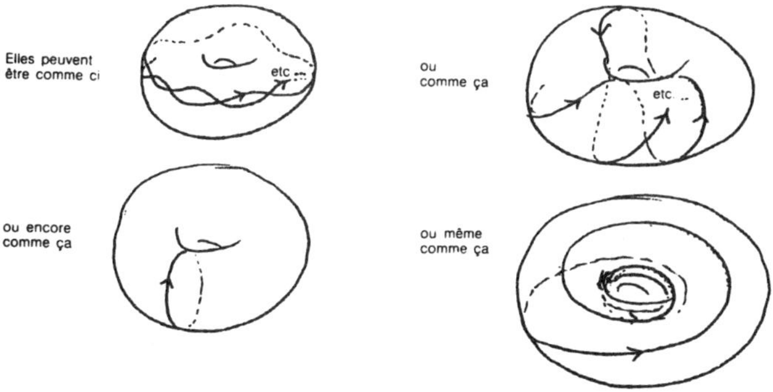

Figure 35

Les géodésiques d'une surface de $\mathbb{R}^3$ munie de la métrique induite par $\mathbb{R}^3$ sont les courbes suivies par une particule astreinte à se déplacer sur la surface sans être sujette à la pesanteur. C'est l'exemple de base de **système hamiltonien** (mais défini sur une variété de dimension 4, l'espace des vecteurs tangents à la surface considérée).

Espace de Hilbert

Comme l'espace euclidien $\mathbb{R}^n$ mais en dimension infinie : chaque point est repéré par une infinité de coordonnées $x = (x_1, x_2, \dots, x_n, \dots)$ et sa distance à l'origine est donnée par le « théorème de Pythagore » généralisé.

Distance de 0 à $x = \sqrt{x_1^2 + x_2^2 + \dots + x_n^2 + \dots}$

Les « points » x de l'espace sont ceux dont la distance à l'origine est finie.

L'exemple paradigmatique est **l'espace de Fourier** dont les « points » sont les fonctions périodiques intégrables sur une période, et les « coordonnées » les « coefficients de Fourier » (amplitudes des harmoniques).

Transfinis de Cantor (cardinaux)

Appelons équivalents deux « ensembles » dont les éléments peuvent être mis en correspondance. Un nombre **transfini** est une « classe d'équivalence » d'ensembles. Les classes d'équivalence des ensembles finis sont les nombres ordinaires 0, 1, 2,... Quant aux autres, il y en a beaucoup, beaucoup, beaucoup ! (figure 36).

Figure 36

Objets analytiques, stratification, équisingularité

Une partie de $\mathbb{R}^n$ définie par une ou plusieurs « équations » n'est pas toujours une **variété.** La « forme » d'un tel objet peut être très compliquée, en fait à peu près quelconque si les équations sont simplement différentiables. Cependant, dans le cas d'équations « polynomiales » (ou plus généralement « analytiques », c'est-à-dire en gros polynomiales de degré infini), les formes obtenues sont remarquablement structurées : elles admettent des **stratifications** (encore une notion chérie de Thom), décompositions en variétés de différentes dimensions (les **strates**) qui en permettent l'analyse géométrique. Pour être utiles, ces stratifications doivent vérifier certaines conditions qui remontent à Whitney et assurent **l'équisingularité** de l'objet le long de chaque strate : au voisinage de chaque point d'une strate, le paysage est le même.

L'illustration représente une **queue d'aronde** (l'une des **catastrophes élémentaires** de Thom) (figure 37).

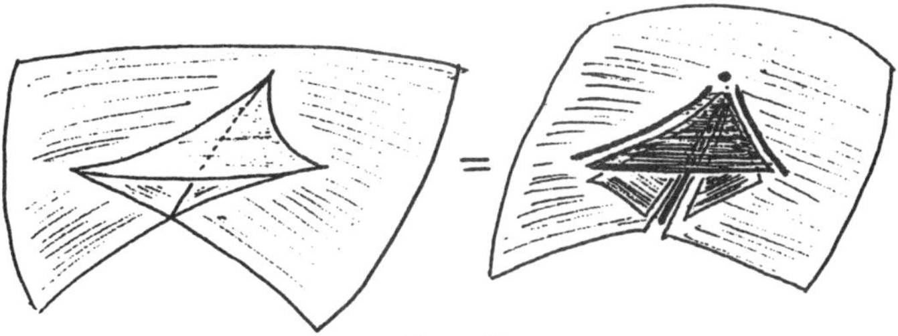

Figure 37

Remarque : un objet régulier comme une **variété** admet également des stratifications : la décomposition en cellules de Thom (voir **Théorie de Morse à la Thom**) en est un exemple.

Dans le même esprit, la « classification » des fonctions sur une variété suivant les types de points critiques qu'elles présentent se fait en **stratifiant** l'« espace » (de dimension infinie) de toutes ces fonctions ; les plus grosses **strates,** dont l'union est « presque » tout l'espace, contiennent les **fonctions de Morse,** dont les valeurs critiques sont distinctes (voir **points critiques**), c'est-à-dire les fonctions **structurellement stables** (voir **singularités génériques**).

(1) Deux articles de synthèse plus techniques : « Singularités des fonctions différentiables » et « Systèmes dynamiques » dans l'Encyclopædia Universalis.

TABLE DES MATIÈRES

SCIENCES

BARBEROUSSE, KISTLER, LUDWIG
La Philosophie des sciences au XXe siècle. (Champs-Université)

BARROW
La Grande Théorie.

BITBOL
L'Aveuglante Proximité du réel (inédit).
Mécanique quantique.

BRADU
L'Univers des plasmas.

BROGLIE
La Physique nouvelle et les quanta.
Nouvelles perspectives en microphysique.

BRUNHES
La Dégradation de l'énergie.

CAVALLI-SFORZA
Qui sommes-nous ?

CHAUVET
La Vie dans la matière.

COUTEAU
Le Grand Escalier. Des quarks aux galaxies.
Les Rêves de l'infini.

CREVIER
À la recherche de l'intelligence artificielle.

DACUNHA-CASTELLE
Les Chemins de l'aléatoire.

DAVID, SAMADI
La Théorie de l'évolution. Une logique pour la biologie. (Champs-Université)

DAVIES
Les Forces de la nature.

DELSEMME
Les Origines cosmiques de la vie.

DELSEMME, PECKER, REEVES
Pour comprendre l'univers.

DELUMEAU (PRÉSENTÉ PAR)
Le Savant et la foi.

DENTON (Derek)
L'Émergence de la conscience.

DENTON (Michael)
Évolution. Une théorie en crise.

DINER, LOCHAK, FARGUE
L'Objet quantique.

DROUIN
L'Écologie et son histoire.

ECCLES
Évolution du cerveau et création de la conscience.

EINSTEIN
Comment je vois le monde.
Conceptions scientifiques.

EINSTEIN, INFELD
L'Évolution des idées en physique.

FRANCK
Einstein. Sa vie, son temps.

GELL-MANN
Le Quark et le jaguar.

GLEICK
La Théorie du chaos.

GRIBBIN
À la poursuite du Big Bang.
Le Chat de Schrödinger.

HAWKING
Commencement du temps et fin de la physique ?
Une brève histoire du temps.

HEISENBERG
La Partie et le tout.

HURWIC
Pierre Curie.

JACQUARD
Idées vécues.
La Légende de la vie.

KLEIN, SPIRO (DIR)
Le Temps et sa flèche.

KUHN
La Structure des révolutions scientifiques.

LEAKEY, LEWIN
Les Origines de l'homme.
La Sixième Extinction.

LLOYD
Les Origines de la science grecque.

LOCHAK
La Géométrisation de la physique.
Louis de Broglie. Un prince de la science.

LOVELOCK
La Terre est un être vivant.

MANDELBROT
Fractales, hasard et finance (inédit).
Les Objets fractals.

MERLEAU-PONTY
Einstein.

MINSTER
La Machine-Océan.

VON NEUMANN
L'Ordinateur et le cerveau.

NOTTALE
L'Univers et la lumière.

PENROSE
Les Deux Infinis et l'esprit humain.

PERRIN
Les Atomes.

PICHOT
Histoire de la notion de gène (inédit).
La Société pure. De Darwin à Hitler.

PLANCK
Autobiographie scientifique et derniers écrits.
Initiations à la physique.

POINCARÉ
La Science et l'hypothèse.
La Valeur de la science.

POPPER
La Connaissance objective.

PRIGOGINE
Les Lois du chaos.

PRIGOGINE, STENGERS
Entre le temps et l'éternité.

REICHHOLF
L'Émancipation de la vie.
L'Émergence de l'homme.
Le Retour des castors.

ROBERT
Les Horloges biologiques.

ROSENFIELD
L'Invention de la mémoire.

RUFFIÉ
De la biologie à la culture.
Traité du vivant.

RUFFIÉ, SOURNIA
Les Épidémies dans l'histoire de l'homme.

SAPOVAL
Universalités et fractales.

SCHWARTZ
Le Jeu de la science et du hasard. La statistique et le vivant.

SELLERI
Le Grand Débat de la théorie quantique.

SERRES
Les Origines de la géométrie.

SHAPIRO
L'Origine de la vie.

SMOOT
Les Rides du temps.

STENGERS
L'Invention des sciences modernes.

STEWART
Dieu joue-t-il aux dés ? (nouvelle édition)

TESTART
Le Désir du gène.
L'Œuf transparent (inédit).

THOM
Paraboles et catastrophes.
Prédire n'est pas expliquer.

THORNE
Trous noirs et distorsions du temps.

TRINH XUAN
Un astrophysicien.

TUBIANA
Histoire de la pensée médicale.

ULLMO
La Pensée scientifique moderne.

WEYL
Symétrie et mathématique moderne.

WILLS
La Sagesse des gènes.

HISTOIRE

ARASSE
La Guillotine et l'imaginaire de la Terreur.

BARNAVI
Une histoire moderne d'Israël.

BERTIER DE SAUVIGNY
La Restauration.

BIARDEAU
L'Hindouisme.

BOIS
Paysans de l'Ouest.

BOUREAU
La Papesse Jeanne.

BRAUDEL
La Dynamique du capitalisme.
Écrits sur l'histoire.
Écrits sur l'histoire II.
Grammaire des civilisations.
L'Identité de la France.
La Méditerranée. L'espace et l'histoire.
La Méditerranée. Les hommes et l'héritage.

BRUNSCHWIG
Le Partage de l'Afrique noire.

CAROZZI, TAVIANI-CAROZZI
La Fin des temps. Terreurs et prophéties au Moyen Âge.

CARRÈRE D'ENCAUSSE
Lénine. La révolution et le pouvoir.
Staline. L'ordre par la terreur.

CAUVIN
Naissance des divinités, naissance de l'agriculture.

CHASSAIGNE
Histoire de l'Angleterre des origines à nos jours (nouvelle édition).

CHAUNU
La Civilisation de l'Europe des Lumières.

CHOURAQUI
Moïse.

CORBIN
Les Cloches de la terre.
Les Filles de noce. Misère sexuelle et prostitution au XIXe siècle.
Le Miasme et la jonquille. L'odorat et l'imaginaire social, XVIIIe-XIXe siècle.
Le Monde retrouvé de Louis-François Pinagot. Sur les traces d'un inconnu (1798-1876).
Le Temps, le Désir et l'Horreur.
Le Territoire du vide. L'Occident et le désir du rivage, 1750-1840.
Le Village des cannibales.

DAUMARD
Les Bourgeois et la bourgeoisie en France depuis 1815.

DAVID
La Romanisation de l'Italie.

DIEHL
La République de Venise.
DUBY
L'Économie rurale et la vie des campagnes dans l'Occident médiéval.
L'Europe au Moyen Âge.
Mâle Moyen Âge. De l'amour et autres essais.
Saint Bernard. L'art cistercien.
La Société chevaleresque. Hommes et structures du Moyen Âge I.
Seigneurs et paysans. Hommes et structures du Moyen Âge II.
ELIAS
La Société de cour.
FAIRBANK
La Grande Révolution chinoise.
FERRO
La Révolution russe de 1917.
FINLEY
L'Invention de la politique.
Les Premiers Temps de la Grèce.
FOISIL
Le Sire de Gouberville.
FURET
L'Atelier de l'histoire.
FURET, OZOUF
Dictionnaire critique de la Révolution française (4 vol.).
FUSTEL DE COULANGES
La Cité antique.
GEARY
Naissance de la France. Le monde mérovingien.
GEREMEK
Les Fils de Caïn.
Les Marginaux parisiens aux XIVe et XVe siècles.
GERNET
Anthropologie de la Grèce antique.
Droit et institutions en Grèce antique.
GINZBURG
Les Batailles nocturnes.
GOMEZ
L'Invention de l'Amérique.
GOUBERT
100 000 provinciaux au XVIIe siècle.
GRIMAL
La Civilisation romaine.
Virgile ou la seconde naissance de Rome.
GROSSER
Affaires extérieures. La politique de la France, 1944-1989.
Le Crime et la mémoire.
HELL
Le Sang noir.
HELLER
Histoire de la Russie.
HILDESHEIMER
Du Siècle d'or au Grand Siècle. L'État en France et en Espagne, XVIe-XVIIe siècle. (Champs-Université)
HUGONIOT
Rome en Afrique. De la chute de Carthage aux débuts de la conquête arabe. (Champs-Université)
ILIFFE
Les Africains. Histoire d'un continent.
JOURDAN
L'Empire de Napoléon. (Champs-Université)
KRAMER
L'Histoire commence à Sumer.
LALOUETTE
Au royaume d'Égypte. Histoire de l'Égypte pharaonique I.
Thèbes. Histoire de l'Égypte pharaonique II.
L'Empire des Ramsès. Histoire de l'Égypte pharaonique III.
L'Art figuratif dans l'Égypte pharaonique.
LANE
Venise, une république maritime.
LAROUI
Islam et histoire.
LE GOFF
La Civilisation de l'Occident médiéval.
LEROY
L'Aventure séfarade. De la péninsule ibérique à la Diaspora.
LE ROY LADURIE
Histoire du climat depuis l'an mil.
Les Paysans de Languedoc.
LEWIS
Les Arabes dans l'histoire.
Juifs en terre d'Islam.
LOMBARD
L'Islam dans sa première grandeur.
MAHN-LOT
La Découverte de l'Amérique.
MARRUS
L'Holocauste dans l'histoire.
MAYER
La Persistance de l'Ancien Régime.
MERVIN
Histoire de l'Islam. Fondements et doctrines. (Champs-Université)
MILZA
Fascisme français.
MOLLAT, WOLFF
Les Révolutions populaires en Europe aux XIVe et XVe siècles.
MOSSÉ
Politique et société en Grèce ancienne. Le « modèle athénien ».

MUCHEMBLED
Culture populaire et culture des élites dans la France moderne (XVe-XVIIIe siècle).

PERROT
Les Femmes ou les silences de l'histoire.

RICHET
La France moderne. L'esprit des institutions.

ROMANO
Les Conquistadores.

SCHWALLER DE LUBICZ I.
Her-Bak « disciple ».
Her-Bak « pois chiche ».

SCHWALLER DE LUBICZ R.A.
Le Miracle égyptien.
Le Roi de la théocratie pharaonique.

SERGI
L'Idée de Moyen Âge (inédit).

SOUTHERN
L'Église et la société dans l'Occident médiéval.

STERN
Hitler.

TUBIANA
Histoire de la pensée médicale.

VALANCE
Histoire du franc de 1360 à 2002.

VERRIÈRE
Genèse de la nation française (inédit).

VIDAL-NAQUET
La Démocratie athénienne vue d'ailleurs.

VINCENT
1492 : « l'année admirable ».

VINCENT (dir.)
Histoire des États-Unis.

DROIT

CHAGNOLLAUD, QUERMONNE
La Ve République :
t. 1 Le Pouvoir exécutif.
t. 2 Le Pouvoir législatif.
t. 3 Le Régime politique.
t. 4 L'État de droit et la justice.

EDELMAN
Le Droit saisi par la photographie.

LEGENDRE
Le Crime du caporal Lortie. Traité sur le père.

ROUVILLOIS
Droit constitutionnel. La Ve République. (Champs-Université)

SCHMITT
La Notion de politique.

SEILLER
Droit administratif I. Les sources et le juge. (Champs-Université)
Droit administratif II. L'action administrative. (Champs-Université)

SOLEIL
Introducion historique aux institutions. (Champs-Université)

STRAUSS
Droit naturel et histoire.

THIREAU
Introduction historique au droit. (Champs-Université)

SCIENCES HUMAINES

ABRAHAM, TOROK
L'Écorce et le noyau.
Le Verbier de l'homme aux loups.

ADORNO
Notes sur la littérature.

ALAIN
Idées. Introduction à la philosophie de Platon, Descartes, Hegel, Comte.

AMSELLE
Vers un multiculturalisme français.

ANATRELLA
L'Église et l'amour.
Non à la société dépressive.
Le Sexe oublié.

ARCHÉOLOGIE DE LA FRANCE
(Réunion des musées nationaux).

ARNAULD, NICOLE
La Logique ou l'art de penser.

ARNHEIM
La Pensée visuelle.

AUGÉ
Anthropologie des mondes contemporains.

AXLINE
Dibs.

BADINTER
L'Amour en plus.

BARBEROUSSE, KISTLER, LUDWIG
La Philosophie des sciences au XXe siècle. (Champs-Université)

BAVEREZ
Raymond Aron.
Les Trente Piteuses.

BENJAMIN
Le Concept de critique esthétique dans le romantisme allemand.
Origine du drame baroque allemand.

BERNARD
Introduction à l'étude de la médecine expérimentale.

BODEI
La Philosophie au XXe siècle (inédit).

BORCH-JACOBSEN
Lacan.

BRILLAT-SAVARIN
Physiologie du goût.

CHAGNOLLAUD, QUERMONNE
La Ve République :
t. 1 Le Pouvoir exécutif.
t. 2 Le Pouvoir législatif.
t. 3 Le Régime politique.
t. 4 L'État de droit et la justice.

CHOMSKY
Réflexions sur le langage.
Langue, Linguistique, Politique. Dialogues avec Mitsou Ronat.

CHUVIN
La Mythologie grecque.

COGARD
Introduction à la stylistique. (Champs-Université)

COHEN (Daniel)
Richesse du monde, pauvretés des nations.
Nos Temps modernes.

COHEN (Jean)
Structure du langage poétique.

COLLECTIF
Le Français dans tous ses états.

CONSTANT
De la force du gouvernement actuel de la France et de la nécessité de s'y rallier (1796). Des réactions politiques. Des effets de la Terreur (1797).

DANIÉLOU
Mythes et dieux de l'Inde.

DARAKI
Dionysos et la déesse Terre.

DAVY
Initiation à la symbolique romane.

DE WAAL
De la réconciliation chez les primates.

DELEUZE, PARNET
Dialogues.

DERRIDA
Éperons. Les styles de Nietzsche.
Heidegger et la question.
La Vérité en peinture.

DETIENNE, VERNANT
Les Ruses de l'Intelligence. La Mètis des Grecs.

DEVEREUX
Femme et mythe.

DIECKHOFF
La Nation dans tous ses états. Les identités nationales en mouvement.

DODDS
Les Grecs et l'irrationnel.

DUMÉZIL
Heurs et malheurs du guerrier.
Loki.
Mythes et dieux des Indo-Européens.

DURKHEIM
Règles de la méthode sociologique.

ÉCOLE DE LA CAUSE FREUDIENNE
De l'amour (inédit).
Lacan, l'écrit, l'image (inédit).

EDELMAN
Le Droit saisi par la photographie.

ELIADE
Forgerons et alchimistes.

ENCEL
Géopolitique de Jérusalem.

ÉRIBON
Michel Foucault.

ERIKSON
Adolescence et crise.

FAURE
Bouddhismes, philosophies et religions.

FLASCH
Introduction à la philosophie médiévale.

FONTANIER
Les Figures du discours.

FRÉMONT
France, géographie d'une société.
La Région, espace vécu.

FUKUYAMA
La Fin de l'Histoire et le dernier homme.

GADREY
Nouvelle économie, nouveau mythe ?

GENTIS
Leçons du corps.

GIRAUD
La Théorie des jeux. (Champs-Université)

GOMEZ
L'Invention de l'Amérique.

GRANOFF, PERRIER
Le Désir et le féminin.

GRENIER
L'Esprit du Tao.

GUÉHENNO
La Fin de la démocratie.

GUILLAUME
La Psychologie de la forme.

GUSDORF
Mythe et métaphysique.

GUYOMARD
La Jouissance du tragique.

HABERMAS
De l'éthique de la discussion.
Écrits politiques.
Morale et communication.

HAMBURGER
L'Aventure humaine.

HARRISON
Forêts. Essai sur l'imaginaire occidental.

HASSOUN
La Cruauté mélancolique.
Les Passions intraitables.

HEGEL
Introduction à l'Esthétique. Le Beau.

HELL
Le Sang noir.

HORNUNG
Les Dieux de l'Égypte.

JAFFRO, RAUZY
L'École désœuvrée. La nouvelle querelle scolaire.

JANKÉLÉVITCH
L'Ironie.
La Mort.
Le Pur et l'Impur.
Le Sérieux de l'intention. Traité des vertus I.
Les Vertus et l'Amour. Traité des vertus II.
L'Innocence et la Méchanceté. Traité des vertus III.

JANOV
Le Cri primal.

JONAS
Le Principe Responsabilité.

LABORIT
L'Homme et la ville.

LACOSTE
La Légende de la Terre.

LAPLANCHE
Le Primat de l'autre en psychanalyse.
Vie et mort en psychanalyse.

LEBOVICI
En l'homme, le bébé.

LE BRAS
Les Limites de la planète.

LE DŒUFF
Le Sexe du savoir.

LEGENDRE
Le Crime du caporal Lortie. Traité sur le père.

LEPAPE
Diderot.

LESCOURRET
Levinas.
Introduction à l'esthétique. (Champs-Université)

LORENZ
L'Agression.
L'Envers du miroir.
Les Fondements de l'éthologie.

LORENZ, POPPER
L'avenir est ouvert.

MACHIAVEL
Discours sur la première décade de Tite-Live.

MAJOR
Lacan avec Derrida.

MANENT
La Cité de l'homme.

MANIN
Principes du gouvernement représentatif.

MARX
Le Capital, livre I, sections 1 à 4.
Le Capital, livre I, sections 5 à 8.

MAUCO
Psychanalyse et éducation.

MEAD EARLE
Les Maîtres de la stratégie.

MÉDA
Qu'est-ce que la richesse ?
Le Temps des femmes. Pour un nouveau partage des rôles.
Le Travail. Une valeur en voie de disparition.

MESURE, RENAUT
Alter ego. Les paradoxes de l'identité démocratique.

MILL
L'Utilitarisme.

MILLOT
Freud antipédagogue.

MORIN
La Complexité humaine.

MOSCOVICI
Essai sur l'histoire humaine de la nature.

NASIO
Les Yeux de Laure.

NASSIF
Freud. L'inconscient.

OLIVIER
Les Fils d'Oreste ou la question du père.

PANKOW
L'Homme et sa psychose.

PAPERT
Jaillissement de l'esprit.

PASSET
L'Illusion néolibérale.

PÉRONCEL-HUGOZ
Le Radeau de Mahomet.

PICHOT
La Société pure. De Darwin à Hitler.

POMMIER
Le Dénouement d'une analyse.
Freud apolitique ?
L'Ordre sexuel.

POPPER
La Connaissance objective.

PROKHORIS
Le Sexe prescrit. La différence sexuelle en question.

QUINE
Le Mot et la chose.

RAND, TOROK
Questions à Freud.

REICHHOLF
L'Émergence de l'homme.

RÉMOND
La politique n'est plus ce qu'elle était.

RENAUT
Kant aujourd'hui.

RENFREW
L'Énigme indo-européenne.

RENOU
La Civilisation de l'Inde ancienne d'après les textes sanskrits.

REVAULT D'ALLONNES
Ce que l'homme fait à l'homme. Essai sur le mal politique.
Le Dépérissement politique. Généalogie d'un lieu commun.

ROUDINESCO
Pourquoi la psychanalyse ?

RUSSELL
Signification et vérité.

SAUVERZAC
Françoise Dolto. Itinéraire d'une psychanalyste.

SCHMITT
La Notion de politique. Théorie du partisan.

SCHUMPETER
Impérialisme et classes sociales.

SERRES
Atlas.
Le Contrat naturel.
Éclaircissements.
Éloge de la philosophie en langue française.
La Légende des anges.
Les Origines de la géométrie.
Statues.

SIBONY
Psychanalyse et judaïsme. Questions de transmission (inédit).

SPAEMANN
Notions fondamentales de morale (inédit).

STAROBINSKI
1789. Les Emblèmes de la raison.

STEINER
Martin Heidegger.

STOETZEL
La Psychologie sociale.

STRAUSS
Droit naturel et histoire.

SUN TZU
L'Art de la guerre.

TAYLOR
Multiculturalisme.

THIS
Naître... et sourire.

TISSERON
Le Mystère de la chambre claire.
Psychanalyse de la bande dessinée.

URVOY
Averroès. Les ambitions d'un intellectuel musulman.

VALADIER
L'Église en procès. Catholicisme et pensée moderne.

VERNANT
Introduction à la logique standard. (Champs-Université)

WALLON
De l'acte à la pensée.

WEBER
L'Éthique protestante et l'esprit du capitalisme (traduction inédite).

WOLTON
Éloge du grand public.
Internet et après ?
Naissance de l'Europe démocratique.
Penser la communication.

BIOGRAPHIES

BAVEREZ
Raymond Aron.

BORCH-JACOBSEN
Lacan. Le maître absolu.

BOUJUT
Wim Wenders.

DEBRÉ
Pasteur.

EISNER
Fritz Lang.

ÉRIBON
Michel Foucault.

FRANCK
Einstein, sa vie, son temps.

HURWIC
Pierre Curie.

LEPAPE
Diderot.

LESCOURRET
Emmanuel Levinas.

LOCHAK
Louis de Broglie. Un prince de la science.

MERLEAU-PONTY
Einstein.

PENROSE
Picasso.

SAUVERZAC
Françoise Dolto.

SCHIFANO
Luchino Visconti.

STEINER
Martin Heidegger.

URVOY
Averroès. Les ambitions d'un intellectuel musulman.

ART

ARASSE
Le Détail. Pour une histoire rapprochée de la peinture.

BALTRUSAITIS
Aberrations. Les perspectives dépravées I.
Anamorphoses. Les perspectives dépravées II.
Le Moyen Âge fantastique.
La Quête d'Isis.

BAZAINE
Le Temps de la peinture.

BONNEFOY
Rome 1630.

BRAUDEL
Le Modèle italien.

BRUSATIN
Histoire des couleurs.

CHAR
La Nuit talismanique.

CHASTEL
Introduction à l'histoire de l'art français.

CHRISTIN
L'Image écrite ou la déraison graphique.

DAMISCH
Le Jugement de Pâris.
L'Origine de la perspective.

DIDI-HUBERMAN
Fra Angelico. Dissemblance et figuration.

DUCHAMP
Duchamp du signe.
Notes.

FUMAROLI
L'École du silence.

GRABAR
L'Iconoclasme byzantin.
Les Voies de la création en iconographie chrétienne.

HASKELL
La Norme et le caprice.

HECK
L'Échelle céleste.

LE CORBUSIER
Urbanisme.
L'Art décoratif d'aujourd'hui.
Vers une architecture.

LICHTENSTEIN
La Couleur éloquente.

MÂLE
Notre-Dame de Chartres.

MARIN
Détruire la peinture.

MOREL
Les Grotesques. Les figures de l'imaginaire dans la peinture italienne de la fin de la Renaissance.

MOULIN
L'Artiste, l'institution et le marché.

OBALK
Andy Warhol n'est pas un grand artiste.

PANOFSKY
La Renaissance et ses avant-courriers dans l'art d'Occident.

PENROSE
Picasso.

PHILIPPOT
La Peinture dans les anciens Pays-Bas.

SEGALEN
Chine, la grande statuaire.

SEZNEC
La Survivance des dieux antiques.

SHATTUCK
Les Primitifs de l'avant-garde.

STEIN
Le Monde en petit. Jardins en miniature et habitations dans la pensée religieuse d'Extrême-Orient.

WÖLFFLIN
Réflexions sur l'histoire de l'art.

CINÉMA

BORDE, CHAUMETON
Panorama du film noir américain (1944-1953).

BOUJUT
Wim Wenders.

EISNER
Fritz Lang.

GODARD PAR GODARD
Les Années Cahiers.
Les Années Karina.
Des années Mao aux années 80.

PASOLINI
Écrits corsaires.

RENOIR
Ma vie et mes films.

ROHMER
Le Goût de la beauté.

ROSSELLINI
Le Cinéma révélé.

SCHIFANO
Luchino Visconti. Les feux de la passion.

TRUFFAUT
Le Plaisir des yeux.

CHAMP-UNIVERSITÉ

BARBEROUSSE, KISTLER, LUDWIG
La Philosophie des sciences au XXe siècle.

COGARD
Introduction à la stylistique.

DAVID, SAMADI
La Théorie de l'évolution. Une logique pour la biologie.

GIRAUD
La Théorie des jeux.

HILDESHEIMER
Du Siècle d'or au Grand Siècle. L'État en France et en Espagne, XVIe-XVIIe siècle.

HUGONIOT
Rome en Afrique. De la chute de Carthage aux débuts de la conquête arabe.

JOURDAN
L'Empire de Napoléon.

LESCOURRET
Introduction à l'esthétique.

MERVIN
Histoire de l'islam. Fondements et doctrines.

ROUVILLOIS
Droit constitutionnel. La Ve République.

SEILLER
Droit administratif. 1. Les sources et le juge.
Droit administratif. II. L'action administrative.

SOLEIL
Introduction historique aux institutions.

THIREAU
Introduction historique au droit.

VERNANT
Introduction à la logique standard.

Achevé d'imprimer en octobre 2012
sur les presses de l'imprimerie Maury-Imprimeur
45330 Malesherbes

N° d'édition : L.01EHQN000358.B002
Dépôt légal : Février 2009
N° d'impression : 12/10/176632

Imprimé en France